BWA lesen und verstehen

Grundlage für eine erfolgreiche Unternehmensanalyse

Prof. Dr. Carola Rinker

C.H.BECK

So nutzen Sie dieses Buch

Die folgenden Elemente erleichtern Ihnen die Orientierung im Buch:

Beispiele und Übungen: In diesem Buch finden Sie zahlreiche Beispiele, die die geschilderten Sachverhalte veranschaulichen.

Definitionen: Hier werden Begriffe kurz und prägnant erläutert.

! Die Merkkästen enthalten Empfehlungen und hilfreiche Tipps.

Auf den Punkt gebracht

Am Ende jedes Kapitels finden Sie eine kurze Zusammenfassung der wichtigsten Punkte.

Inhalt

Vorwort

Bei der Vorbereitung eines von mir gehaltenen Seminars zum Thema „BWA lesen und verstehen" fiel mir auf, dass es keine passende Literatur gibt, die ich den Teilnehmern empfehlen konnte. Wie meine Erfahrung aus dem Seminar gezeigt hat, besteht seitens der Unternehmer und Führungskräfte Interesse daran, sich einen Überblick durch den Begriffs-Dschungel rund um die BWA zu verschaffen. Ich habe beschlossen, diese Lücke durch ein kleines Handbuch für Praktiker zu schließen.

Das Buch richtet sich an Selbständige, Unternehmer und Führungskräfte, die sich mit den vielen Fachbegriffen der BWA vertraut machen möchten. In der Praxis wird oft von „der" BWA gesprochen – gemeint wird damit die sog. kurzfristige Erfolgsrechnung. Es gibt jedoch nicht die eine BWA, sondern verschiedene Varianten. Das Buch eignet sich nicht nur für Unternehmer, die eine Bilanz aufstellen müssen, sondern auch sog. Einnahmen-Überschuss-Rechner: Die Unterschiede zwischen diesen beiden Gewinnermittlungsarten werden im Buch immer wieder aufgezeigt.

Das Buch kann nicht nur als Nachschlagewerk vor dem Gespräch mit dem Bank- oder Steuerberater eingesetzt werden. Es soll vor allem auch dazu dienen, die Gespräche mit dem Berater auf Augenhöhe zu führen bzw. Fragen zielgerichteter formulieren zu können. Zudem soll es dem Leser leichter fallen, entsprechende Unterlagen vom Steuerberater anzufordern, wenn Informationen als Entscheidungsgrundlage benötigt werden: So möchte der Unternehmer möglicherweise wissen, wie hoch die Umsatzerlöse des neuen Onlineshops sich in den letzten Monaten entwickelt haben. Dies ermöglicht den Einsatz der BWA als Controlling-Instrument. So können sowohl operative als auch strategische Entscheidungen auf Basis der BWA des Unternehmens getroffen werden. Damit dies jedoch möglich ist, muss die BWA aussagekräftig sein.

Die Klappen des Buches sowie die entsprechenden Verweise im Text sollen dem Leser ermöglichen, bei Bedarf schnell die benötigten Begriffe und deren Bedeutung nachzuschlagen. Die grafischen Darstellungen einzelner BWAs beziehen sich jeweils auf eine der im Buch abgebildeten BWAs, damit auch hier ein Vergleich der verschiedenen Darstellungsarten schnell ersichtlich wird.

Der erste Teil des Buches gibt einen Überblick über die Einsatzmöglichkeiten der BWA, den Unterschied zwischen Bilanz und BWA sowie eine Übersicht über die wichtigsten Standard-BWAs. Anschließend werden die einzelnen Positionen der kurzfristigen Erfolgsrechnung beschrieben und durch zahlreiche Praxisbeispiele ergänzt. Darauf folgt die Darstellung weiterer Grundformen der BWA sowie der vergleichenden BWAs. Die weiteren Auswertungen und Grafiken, die anschließend folgen, sollen dem Leser die Auswertungsmöglichkeiten seiner Zahlen aufzeigen. Anschließend werden die Möglichkeiten dargestellt, wie die Aussagekraft der BWA erhöht werden kann. Daran anknüpfend erfolgen Hinweise, wie die BWA im Bankengespräch eingesetzt werden kann. An dieser Stelle möchte ich mich bei den Firmenkundenberatern der Banken bedanken, die mir aus ihrer Erfahrung mit ihren Kunden berichtet haben. Nicht nur dieses Kapitel, sondern auch die Darstellung der Irrtümer der BWA im ersten Teil beruhen auf den Befragungen der

Bankmitarbeiter. Abschließend werden in einem Exkurs die Abschreibungs- und Zuschreibungsregeln kurz erläutert.

Bei meinem Lebensgefährten Sebastian Hautli möchte ich mich für die Inspiration und Rückmeldungen danken. Meiner Freundin Anke Vogel danke ich für die Gespräche, die mir gezeigt haben, welche Themen für ein derartiges Buch wichtig sind. Anke Humphrey vom Beck-Verlag danke ich für die gute Zusammenarbeit und die konstruktiven Gespräche bei der Erstellung des Buches.

Carola Rinker

Was ist eine BWA?

Definition

Die Betriebswirtschaftliche Auswertung (BWA) basiert auf den Daten der Finanzbuchhaltung. Sie komprimiert die in der Finanzbuchhaltung verarbeiteten Geschäftsvorfälle und stellt diese in einer aufbereiteten Form dar.

In der Praxis spricht man in der Regel von der BWA, es gibt jedoch verschiedene Formen. Die wichtigste Form der BWA ist die sog. kurzfristige Erfolgsrechnung, die der Unternehmer in der Regel monatlich von seinem Steuerberater erhält. Bei größeren Unternehmen wird diese in der Buchhaltung selbst erstellt und der Geschäftsleitung vorgelegt.

> **!** Die BWA ist ein Analyseinstrument, das der Unternehmer als Grundlage für Entscheidungen heranziehen kann. Sofern ein Darlehen aufgenommen werden soll, muss die BWA in den meisten Fällen auch der Bank vorgelegt werden.

Allerdings gibt es keine gesetzliche Verpflichtung, eine BWA aufzustellen. Die BWA wird durch gesetzliche Vorschriften des Handelsgesetzbuches (HGB) beeinflusst. Beispielsweise wurde bei der letzten Reform (BilRuG) die Definition des Begriffes Umsatzerlöse geändert. Dies hat dazu geführt, dass einige Erlöse, die bisher als „sonstige betriebliche Erlöse" erfasst wurden, nun zu den „Umsatzerlösen" zählen. Diese Änderungen müssen bei der Interpretation der BWA berücksichtigt werden, da ansonsten falsche Schlüsse aus dem Zahlenmaterial gezogen werden.

> **!** Bei der BWA hat der Unternehmer in Bezug auf die Zuordnung der Geschäftsvorfälle einen Handlungsspielraum, den er nutzen sollte. Dadurch kann die BWA individuell an die Bedürfnisse des Unternehmens angepasst werden und die BWA wird zu einer aussagekräftigen BWA.

Für eine aussagekräftige BWA spielt die Gewinnermittlungsart des Unternehmens eine wichtige Rolle. Es gibt zwei Möglichkeiten, den Gewinn zu ermitteln:

1. Aufstellung einer Bilanz (Bilanzierer)
2. Erstellung einer Einnahmen-Überschuss-Rechnung (Einnahmen-Überschuss-Rechner)

Kapitalgesellschaften (AG, GmbH) müssen immer eine Bilanz aufstellen – die Unternehmensgröße spielt dabei keine Rolle. Einzelunternehmer, die in zwei aufeinanderfolgenden Geschäftsjahren nicht mehr als jeweils 600.000 EUR Umsatzerlöse und jeweils 60.000 EUR Jahresüberschuss erzielen (§ 241a HGB), können ihren Gewinn mit Hilfe der Einnahmen-Überschuss-Rechnung ermitteln.

Die beiden Gewinnermittlungsarten unterscheiden sich hinsichtlich der Frage, nach welchem Prinzip der Gewinn ausgewiesen wird.

Gewinn-ermittlungsart	Bilanz	Einnahmen-Überschuss-Rechnung
Prinzip für den Gewinnausweis	Periodisierungsprinzip	Zuflussprinzip

Der Unterschied beider Prinzipien zeigt das folgende Beispiel:

> *Beispiel: Unterschied Periodisierungs- und Zuflussprinzip*
>
> *Die Wohlstandssoftie AG liefert am 30.12.01 Waren an ihren Kunden. Der Kunde begleicht die Rechnung am 15.01.01.*
>
> *Periodisierungsprinzip: Beim Periodisierungsprinzip werden die Umsatzerlöse noch im Jahr 01 erfasst, da der Zeitpunkt der Begleichung der Rechnung irrelevant ist.*
>
> *Zuflussprinzip: Beim Zuflussprinzip werden die Umsatzerlöse erst im Jahr 02 erfasst, da sie erst dann zugeflossen sind.*

Je nachdem, ob ein Unternehmen bilanziert oder den Gewinn mittels der Einnahmen-Überschuss-Rechnung ermittelt, werden die Umsatzerlöse zu einem anderen Zeitpunkt ausgewiesen, wie das Beispiel zeigt.

Einsatzmöglichkeiten der BWA

Die BWA hat verschiedene Einsatzmöglichkeiten, da sie viele Informationen liefert und dadurch als Instrument zur Steuerung und Kontrolle im Unternehmen eingesetzt werden kann. Voraussetzung für den Einsatz der BWA ist allerdings, dass diese aussagekräftig und an die Besonderheiten des Unternehmens angepasst wurden.

Die folgende Übersicht fasst die Einsatzmöglichkeiten der BWA zusammen:

Informations-Medium	Controlling-Medium	Präsentations-Medium
Zusammenfassung der wichtigsten Unternehmenszahlen auf wenigen Seiten	Grundlage für operative und strategische Entscheidungen	Kreditzusage bei der Bank bei einer aussagekräftigen BWA

Informationsmedium

Die BWA (genauer gesagt die kurzfristige Erfolgsrechnung) zeigt monatlich die aktuelle wirtschaftliche Lage des Unternehmens. Der Unternehmer kann auf einen Blick den Umsatz, den Materialeinsatz sowie die Kosten sehen. Außerdem zeigt die kurzfristige Erfolgsrechnung den Gewinn (sog. vorläufiges Ergebnis).

Controlling-Medium

Damit ein Unternehmen für die kommenden Jahre planen kann, sind Vergleichswerte wichtig. Dazu wird in einer Vergleichs-BWA der Vergleich unterschiedlicher Zeiträume dargestellt.

> *Vergleichs-BWA: Bei Unternehmen mit erheblichen saisonalen Schwankungen werden beispielsweise die Zahlen des ersten Quartals des Jahres 2019 mit denen des ersten Quartals des Vorjahres verglichen.*

Die Vergleiche können sowohl als Frühwarnsystem als auch als Planungsinstrument eingesetzt werden. Anhand Vergleichszahlen kann der Unternehmer neue Trends erkennen und seine Aktivitäten dahingehend ausrichten.

> **!** Als Frühwarnsystem hilft die BWA dem Unternehmer, Fehlentwicklungen rechtzeitig entgegenzusteuern und somit die Existenz des Unternehmens langfristig zu sichern.

Präsentations-Medium

Bei einer Kreditanfrage an die Bank muss u. a. die aktuelle BWA (kurzfristige Erfolgsrechnung) vorgelegt werden. Die Bank berechnet, ob das Unternehmen ausreichend liquide Mittel (Bank, Kasse) hat, um die Zins- und Tilgungszahlungen leisten zu können (sog. Kapitaldienstfähigkeit). Außerdem spielt die Entwicklung des Unternehmens im Zeitablauf eine wichtige Rolle – vor allem bei einem Unternehmen, das im letzten Jahr einen Verlust erwirtschaftet hat.

Acht Irrtümer zur BWA

Irrtum 1: Umsatz = Gewinn

Der Umsatz darf nicht mit dem Gewinn gleichgesetzt werden. Um den Gewinn zu ermitteln, müssen vereinfacht ausgedrückt vom Umsatz noch die Aufwendungen abgezogen werden.

! Auch der Kontostand des Bankkontos sagt daher nichts über den Gewinn eines Unternehmens aus. Vom Bankguthaben muss noch die Umsatzsteuer abgeführt werden. Zudem wird das Bankguthaben benötigt, um eventuelle Steuernachzahlungen vergangener Geschäftsjahre bezahlen zu können.

Irrtum 2: Bruttorechnungsbetrag = Gewinn

Der Brutto-Rechnungsbetrag enthält die sog. Umsatzsteuer. Diese ist nicht für den Unternehmer bestimmt, sondern muss ans Finanzamt abgeführt werden. Bei Preiskalkulation wird daher nur der Nettopreis berücksichtigt.

! Kleinunternehmer weisen in ihren Rechnungen an Kunden keine Umsatzsteuer aus. Dies gilt auch für Unternehmer, deren Leistungen von der Umsatzsteuer befreit sind.

Irrtum 3: Leasing = Finanzierung

Beim Leasing bezahlt der Leasingnehmer eine monatliche Leasingrate. Nach Ablauf des vereinbarten Zeitraumes für das Leasing hat der Leasingnehmer in den meisten Fällen die Möglichkeit, den Leasinggegenstand (z. B. PKW) gegen eine Restzahlung zu kaufen. Es gibt verschiedene Leasingmodelle: Restwert-Leasing, Kilometerleasing.

Im Gegensatz zum Leasing ist bei der Finanzierung das Unternehmen Eigentümer des Fahrzeuges. In diesem Fall bezahlt das Unternehmen ein Darlehen ab. Nach der Abzahlung des Darlehens ist das Unternehmen Eigentümer des Fahrzeugs.

! Ob das Leasing oder die Finanzierung eines Firmenfahrzeuges günstiger ist, hängt beispielsweise von der Höhe der Zinsen bei der Finanzierung ab.

Die folgende Übersicht zeigt den Unterschied zwischen Leasing und Finanzierung auf die Bilanz und die BWA.

	Leasing	Finanzierung
Auswirkungen Bilanz	keine Erfassung, da kein Eigentum	Firmenfahrzeug wird als Sachanlagevermögen ausgewiesen
Aufwendungen in der BWA	• Leasingraten	• Abschreibungen des Fahrzeugs • Zinszahlungen des Darlehens

Irrtum 4: Personalkosten = Kosten externer Dienstleister

Die Kosten für einen externen Dienstleister zählen in der BWA nicht zu den Personalkosten. Unter den Personalkosten werden lediglich die gesamten Aufwendungen für Angestellte des Unternehmens erfasst.

Die Kosten für externe Dienstleister zählen zu den sog. Fremdleistungen, sofern der Dienstleister zur Leistungserbringung des Unternehmens beigetragen hat. Fremdleistungen werden in der BWA unter dem Posten Material-/ Wareneinkauf erfasst.

Irrtum 5: Zins und Tilgung mindern den Gewinn

Die Zinsen für ein Darlehen stellen Aufwendungen dar und mindern somit den Gewinn des Unternehmens. Bei der Tilgung handelt es sich jedoch lediglich um die Rückzahlung des Darlehens und daher um keinen Aufwand. Folglich wird der Gewinn durch die Tilgung nicht beeinflusst.

> **!** Die Annuität ergibt sich aus den Zinsen und der Tilgung. Die Liquidität wird nicht nur durch die Zinsen, sondern auch die Tilgung beeinflusst. Daher kommt es in diesem Fall zu einer unterschiedlichen Auswirkung auf den Gewinn und die Liquidität.

Irrtum 6: Die BWA muss erstellt werden

Es gibt keine gesetzliche Pflicht zur Erstellung einer BWA. Lediglich für die Aufstellung einer Bilanz und GuV bzw. einer Einnahmen-Überschuss-Rechnung gibt es gesetzliche Vorschriften. Auch das Schema der BWA unterliegt keinerlei Regelungen, in der Ausgestaltung sind die Unternehmen frei. Es empfiehlt sich, die BWA an die individuellen Informationsbedürfnisse des Unternehmens anzupassen. Denn die Aussagekraft der BWA ist abhängig davon, wie und vor allem auch wann entsprechende Sachverhalte (z. B. Abschreibungen, Bestandsveränderungen, Rechnungsabgrenzung) gebucht werden.

Irrtum 7: Die BWA zeigt die Liquidität des Unternehmens

Es gibt nicht „die" BWA, sondern verschiedene Formen der BWA. Die wichtigste BWA für Unternehmer ist die sog. kurzfristige Erfolgsrechnung. Umgangssprachlich wird diese oftmals lediglich als BWA bezeichnet.

Die kurzfristige Erfolgsrechnung gibt keinerlei Auskunft über die Liquiditätslage eines Unternehmens. Daher ist es empfehlenswert, bei einer angespannten Liquiditätslage des Unternehmens nicht nur die kurzfristige Erfolgsrechnung zu interpretieren. Die Liquiditäts-BWA gibt Auskunft über die Liquiditätslage des Unternehmens.

> **!** Da Unternehmer bei drohender Zahlungsunfähigkeit verpflichtet sind, Insolvenz anzumelden, empfiehlt sich die Erstellung und regelmäßige Aktualisierung einer Liquiditätsplanung.
>
> Die Liquiditätsplanung zeigt den Zeitpunkt sowie die Höhe von Einzahlungen und Auszahlungen an. So können vorübergehende Liquiditätsengpässe rechtzeitig erkannt und entsprechende Maßnahmen ergriffen werden. Zur Liquidität vgl. S. 29.

Irrtum 8: Die BWA weist automatisch immer die richtigen Ergebnisse aus

Die BWA umfasst alle Buchungen, die während des entsprechenden Zeitraums vorgenommen wurden. Die Aussagekraft der BWA hängt daher maßgeblich vom Buchungsverhalten des Unternehmens ab. Je genauer gebucht wird, desto aussagekräftiger ist die BWA.

Entscheidend ist beispielsweise, ob jährliche Geschäftsvorfälle auch unterjährig gebucht werden. Dies betrifft nicht nur das Thema Abschreibungen, sondern für viele Unternehmen auch die sog. Bestandsveränderungen.

! Sofern die Bestandsveränderungen für ein Unternehmen für die Aussagekraft der BWA sehr wichtig sind, sollten diese auch unterjährig gebucht werden. Andernfalls verzerrt dies die Ergebnisse der monatlichen BWAs während des Geschäftsjahres und führt möglicherweise zu Fehlentscheidungen.

Bei einer monatlichen Erfassung der Bestandsveränderungen liefert die BWA die genauesten Ergebnisse. Für viele Unternehmen ist jedoch die monatliche Inventur zeitlich zu aufwendig. In einigen Fällen ist eine quartalsweise Inventur und Erfassung der Bestandsveränderung die Lösung, die sich in der Praxis bewährt hat.

Unterschiede zwischen Bilanz und BWA

In der Bilanz werden das Vermögen, die Schulden sowie das Eigenkapital zum sog. Bilanzstichtag – dem letzten Tag des Geschäftsjahres – gegenübergestellt. Die Bilanz muss jährlich aufgestellt werden. Die Aufstellung der Bilanz für jedes Geschäftsjahr ist gesetzlich vorgeschrieben (§ 242 Abs. 1 S. 1 HGB). Die Gliederung der Bilanz ist für Kapitalgesellschaften (GmbH, AG) vorgegeben (§ 266 HGB). Die Bilanz hat demnach die folgende Gliederung:

Bilanz

Aktiva	Passiva
A. Anlagevermögen	A. Eigenkapital
I. Immaterielle Vermögensgegenstände	I. Gezeichnetes Kapital
II. Sachanlagen	II. Kapitalrücklage
III. Finanzanlagen	III. Gewinnrücklagen
B. Umlaufvermögen	IV. Gewinnvortrag/Verlustvortrag
I. Vorräte	V. Jahresüberschuss/Jahresfehlbetrag
II. Forderungen und sonstige Vermögensgegenstände	B. Rückstellungen
III. Wertpapiere	C. Verbindlichkeiten
IV. Kassenbestand, Bundesbankguthaben, Guthaben bei Kreditinstituten und Schecks	D. Rechnungsabgrenzungsposten
C. Rechnungsabgrenzungsposten	E. Passive latente Steuern
D. Aktive latente Steuern	
E. Aktiver Unterschiedsbetrag aus der Vermögensverrechnung	

Die BWA ist die monatliche Darstellung der wirtschaftlichen Lage eines Unternehmens. In der Praxis ist damit oft die sog. kurzfristige Erfolgsrechnung gemeint, die wichtigste Grundform der BWA. Diese wird in der Regel um Vergleichswerte (sog. Vorjahresvergleich) ergänzt, damit der Unternehmer die Zahlen interpretieren und die Entwicklung des Unternehmens erkennen kann.

! Im Gegensatz zur Bilanz besteht keine gesetzliche Verpflichtung zur Aufstellung der BWA. Die BWA muss beispielsweise bei der Bank vorgelegt werden, sofern das Unternehmen einen Kredit aufnehmen möchte. Das Finanzamt erhält jedoch keinen Einblick in die BWA.

Unternehmen, die ihren Gewinn mit der Einnahmen-Überschuss-Rechnung ermitteln, erstellen keine Bilanz. Eine BWA wird jedoch immer erstellt, unabhängig davon, ob das Unternehmen eine Bilanz oder eine Einnahmen-Überschuss-Rechnung erstellt.

Exkurs: Mehrwertsteuer, Vorsteuer, Umsatzsteuer

Der Begriff Mehrwertsteuer wird umgangssprachlich verwendet. Aus Sicht eines Unternehmens wird die Mehrwertsteuer in zwei Kategorien eingeteilt: Vorsteuer und Umsatzsteuer.

! In der Praxis wird bei Rechnungen entweder der Begriff Mehrwertsteuer oder Umsatzsteuer verwendet. Dies liegt daran, dass es von der Sichtweise abhängt, ob es sich um Vorsteuer oder Umsatzsteuer handelt.

Vorsteuer und Umsatzsteuer: *Vorsteuer sind Forderungen des Unternehmens gegenüber dem Finanzamt. Die Mehrwertsteuer aller Eingangsrechnungen des Unternehmens wird als Vorsteuer bezeichnet.*

Umsatzsteuer sind Verbindlichkeiten des Unternehmens gegenüber dem Finanzamt. Die Mehrwertsteuer aller Ausgangsrechnungen des Unternehmens wird als Umsatzsteuer bezeichnet.

Unternehmen, die Umsatzsteuer auf ihren Rechnungen ausweisen, werden als vorsteuerabzugsberechtigt bezeichnet. Daher ist die Umsatzsteuer für diese Unternehmen ein sog. durchlaufender Posten. Dies bedeutet, dass die Umsatzsteuer keine Auswirkungen auf den Gewinn hat.

Die gezahlte Vorsteuer sowie die erhaltene Umsatzsteuer müssen monatlich bzw. quartalsweise in der Umsatzsteuer-Voranmeldung angegeben werden. Dabei werden die Forderungen und die Verbindlichkeiten gegenüber dem Finanzamt miteinander verrechnet. Die folgende Übersicht zeigt, in welchem Fall ein Vorsteuerüberhang bzw. eine Umsatzsteuer-Zahllast vorliegt:

Vorsteuer > Umsatzsteuer	Vorsteuerüberhang (Umsatzsteuer-Erstattungsanspruch)
Vorsteuer < Umsatzsteuer	Umsatzsteuer-Zahllast

Der Vorsteuerüberhang wird dem Unternehmen gutgeschrieben, die Umsatzsteuer-Zahllast entsprechend belastet. Das folgende Beispiel verdeutlicht die Funktionsweise der Ermittlung der Umsatzsteuer-Zahllast.

Ermittlung Umsatzsteuer-Zahllast: *Ein Unternehmen hat an einen Lieferanten 100 EUR Vorsteuer bezahlt. Außerdem hat das Unternehmen von einem Kunden 250 EUR Umsatzsteuer erhalten. Es wird angenommen, dass für den Anmeldezeitraum der Umsatzsteuer-Voranmeldung keine weiteren Umsätze zu berücksichtigen sind.*

Dann ermittelt sich die Umsatzsteuer-Zahllast wie folgt:

Erhaltene Umsatzsteuer	*250 EUR*
– gezahlte Vorsteuer	*100 EUR*
= Umsatzsteuer-Zahllast	*150 EUR*

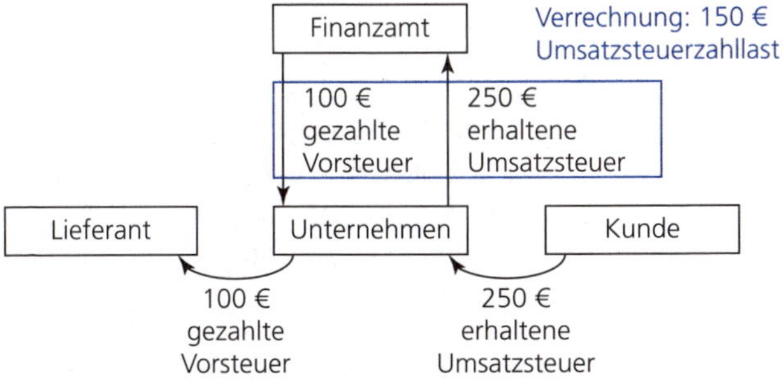

! Auch eine Umsatzsteuer-Zahllast hat keine Auswirkungen auf den Gewinn. Die Umsatzsteuer wurde vom Kunden an das Unternehmen bezahlt und wird nun lediglich ans Finanzamt „weitergeleitet“.

Für Kleinunternehmer gilt dies jedoch nicht. Sie weisen weder Umsatzsteuer auf ihren Ausgangsrechnungen aus, noch erhalten sie die gezahlte Umsatzsteuer auf Eingangsrechnungen vom Finanzamt zurück. Dies gilt auch für Unternehmen, die Leistungen erbringen, die explizit von der Umsatzsteuer befreit sind. Sie gelten als nicht vorsteuerabzugsberechtigt.

Soll- vs. Ist-Versteuerung bei der Umsatzsteuer

Bei der Abführung der Umsatzsteuer wird zwischen der Soll- und der Ist-Versteuerung unterschieden. Der Unterschied liegt im Zeitpunkt der Abführung der Umsatzsteuer.

Ist-Versteuerung: Bei der Ist-Versteuerung muss die auf den Ausgangsrechnungen ausgewiesene Umsatzsteuer erst dann ans Finanzamt abgeführt werden, wenn der Kunde die Rechnung beglichen hat.

Soll-Versteuerung: Bei der Soll-Versteuerung muss die auf den Ausgangsrechnungen ausgewiesene Umsatzsteuer zum Zeitpunkt der Rechnungsstellung mit der Abgabe der nächsten Umsatzsteuer-Voranmeldung ans Finanzamt abgeführt werden. Der Zeitpunkt der Begleichung der Rechnung durch den Kunden spielt hier keine Rolle.

Das Finanzamt geht grundsätzlich davon aus, dass die Soll-Versteuerung angewendet wird. Sofern ein Unternehmen die Ist-Versteuerung anwenden möchte, muss es einen Antrag ans Finanzamt stellen. Dies ist u. a. dann möglich, wenn eine der folgenden Voraussetzungen erfüllt ist:

- Der Gesamtumsatz des vorangegangenen Kalenderjahres war nicht höher als 500.000 EUR.
- Der Unternehmer hat Umsätze aus einem sog. freien Beruf (z. B. Rechtsanwälte, Steuerberater, Ärzte, Architekten).

Der Vorteil der Ist-Versteuerung liegt darin, dass die Umsatzsteuer erst dann abgeführt werden muss, wenn der Kunde die Rechnung beglichen hat. Dadurch kann vermieden werden, dass Umsatzsteuer ans Finanzamt abgeführt werden muss und die Liquidität verringert, ohne dass der Kunde die Rechnung bereits beglichen hat.

> **!** Die Vorsteuer kann in der Umsatzsteuer-Voranmeldung unabhängig vom Zeitpunkt der Zahlung geltend gemacht werden. Sofern eine Eingangsrechnung vom 30.09.2018 erst am 15.10.2018 beglichen wird, kann die ausgewiesene Vorsteuer bereits in der Umsatzsteuer-Voranmeldung für den Monat September geltend gemacht werden.

Zusammenhang zwischen BWA, Finanzbuchhaltung sowie Kosten- und Leistungsrechnung

Die folgende Übersicht stellt die Unterschiede zwischen der Finanzbuchhaltung sowie der Kosten- und Leistungsrechnung dar:

Kriterium	Finanzbuchhaltung	Kosten- und Leistungsrechnung
Zielgruppe	Extern: Staat, Finanzamt, Gläubiger, Lieferanten, Kunen, Banken, Arbeitnehmer	Intern: Vorstand, Management
Bestandteile	Finanzbuchhaltung, Jahresabschluss (Bilanz, Gewinn- und Verlustrechnung)	Kosten- und Leistungsrechnung
Erstellung	Gesetzlich vorgeschrieben	Freiwillig
Zweck	Ermittlung des zu versteuernden Gewinns	Zahlenmaterial für Liquiditäts- und Finanzplanung sowie Preiskalkulation

Alle Geschäftsvorfälle eines Unternehmens werden in der Finanzbuchhaltung erfasst. Diese Buchungen stellen die Grundlage der BWA dar. Die Erstellung der BWA ist gesetzlich nicht vorgeschrieben und muss daher dem Finanzamt nicht vorgelegt werden.

Ergänzend sollten in der BWA sog. kalkulatorische Kosten erfasst werden. Zu den kalkulatorischen Kosten zählen beispielsweise die kalkulatorische Miete oder der kalkulatorische Unternehmerlohn.

Kalkulatorische Kosten: *Kalkulatorische Kosten sind Kosten, denen kein entsprechender Aufwand in der Finanzbuchhaltung gegenübersteht.*

Zielsetzung der Erfassung der kalkulatorischen Kosten in der BWA und der Kosten- und Leistungsrechnung ist die Ermittlung der tatsächlichen Kosten des Betriebszwecks eines Unternehmens, um diese bei der Preiskalkulation zu berücksichtigen.

Betriebszweck: *Der Betriebswecks ist das Ziel der Tätigkeit, mit dem ein Unternehmen dauerhaft Gewinne erwirtschaften möchte.*

> **Betriebszweck:** *Ein Hersteller von Naturkosmetik veräußert ein Grundstück, da dem Unternehmen ein hoher Preis geboten wurde, und erzielt einen Veräußerungsgewinn.*
>
> *In diesem Fall zählt der Veräußerungsgewinn des Grundstückes für den Naturkosmetikhersteller nicht zum Betriebszweck. Der Betriebszweck ist die Herstellung von Naturkosmetik.*

Sofern die kalkulatorischen Kosten nicht berücksichtigt werden, werden in der BWA geringere Kosten erfasst. Dies führt in der Regel zu geringeren Preisen. Problematisch wird die Vernachlässigung kalkulatorischer Kosten dann, wenn diese Kosten aufgrund einer Veränderung plötzlich anfallen. Wurden die Kosten nicht einkalkuliert, besteht die Gefahr, dass bei einer erheblichen Preiserhöhung die Kunden zur Konkurrenz wechseln. Bei Unterlassen der Preisanpassung wiederum kann es sein, dass das Unternehmen von nun an

Verluste erwirtschaftet und die langfristige Existenz gefährdet ist.

> ***Kalkulatorische Miete und kalkulatorischer Unternehmerlohn:*** *Die Unternehmerin Anke Sommer ist Einzelunternehmerin. Sie nutzt das erste Stockwerk ihres privaten Hauses als Büro für ihr Unternehmen. Angestellte hat sie derzeit nicht.*
>
> *Da sie das erste Stockwerk ihres Hauses aufgrund der Verwendung für ihr Unternehmen nicht vermieten kann, setzt sie eine marktübliche Miete als kalkulatorische Kosten in ihrer BWA sowie der Kosten- und Leistungsrechnung an.*
>
> *Außerdem ist sie als Einzelunternehmerin selbständig und kann sich im Gegensatz zu einem Geschäftsführer einer GmbH kein Gehalt auszahlen, das als Personalaufwendung ihren Gewinn verringert. Daher setzt sie einen kalkulatorischen Unternehmerlohn an, um dies bei der Preiskalkulation zu berücksichtigen.*

Welche kalkulatorischen Kosten der Unternehmer ansetzt, kann er selbst entscheiden. Je höher er jedoch die kalkulatorischen Kosten ansetzt, desto höher sind die gesamten Kosten und damit auch die Preise in der Kalkulation.

In der Praxis werden kalkulatorische Kosten oftmals aufgrund der Wettbewerbssituation nicht mit in die Preise einberechnet.

Liquidität vs. Gewinn

Die Liquidität und der Gewinn sind zwei unterschiedliche Begriffe, die bei Vorliegen eines Sachverhaltes im Unternehmen nicht immer gleichzeitig beeinflusst werden.

Liquide Mittel: Liquide Mittel sind der Kassenbestand und das Bankguthaben eines Unternehmens.

Die Liquidität wird anhand der abgebildeten Liquiditäts-Badewanne erläutert.

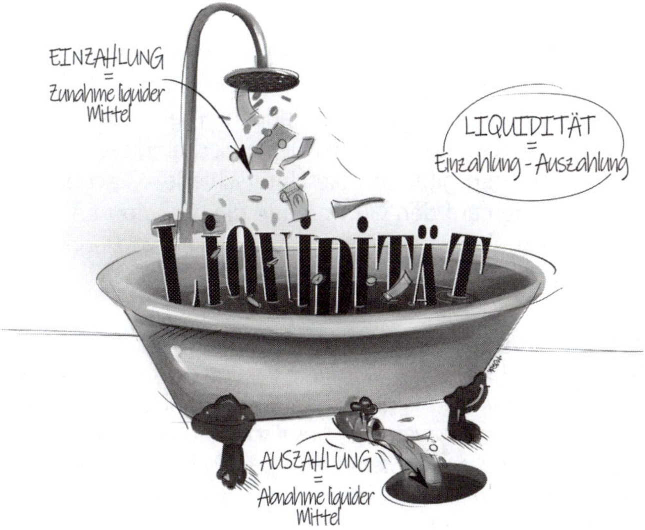

Gewinn: Der Gewinn ergibt sich vereinfacht ausgedrückt aus den Erträgen abzüglich der Aufwendungen. Erträge sind

beispielsweise Umsatzerlöse, die durch den Verkauf der Fertigerzeugnisse eines Unternehmens erzielt werden. Zu den Aufwendungen zählen beispielsweise Mietaufwendungen für die Büromiete des Unternehmens.

> **!**
> Gewinn = Erträge – Aufwendungen
>
> Liquidität = Einzahlungen – Auszahlungen
>
> Erträge ≠ Einzahlungen
>
> Aufwendungen ≠ Auszahlungen

Bei der Abgrenzung zwischen dem Gewinn und der Liquidität spielen auch weitere Begriffe eine wichtige Rolle: Finanzierung und Investition. Vielen Unternehmern ist nicht bewusst, dass es einen Unterschied zwischen diesen beiden Begrifflichkeiten gibt. Um die Unterschiede zwischen den Auswirkungen auf den Gewinn und die Liquidität nachvollziehen zu können, ist ein Grundverständnis der Begriffe Finanzierung und Investition hilfreich.

Finanzierung: *Finanzierung ist die Beschaffung von liquiden Mitteln. Dies kann entweder durch die Beschaffung von Eigen- oder Fremdkapital erfolgen. Bei der Beschaffung von Eigenkapital erhöhen beispielsweise die Gesellschafter einer GmbH ihren jeweiligen Anteil an der Stammeinlage. Bei der Beschaffung von Fremdkapital nimmt das Unternehmen zum Beispiel ein Darlehen bei der Bank auf.*

Die folgende Übersicht zeigt den Zahlungsfluss bei der Aufnahme eines Bankdarlehens. Daraus wird ersichtlich, dass bei der Aufnahme eines Darlehens dem Unternehmen bei der Auszahlung dessen Geld zufließt und in den folgenden Jahren durch Zins- und Tilgungszahlungen die Liquidität verringert wird.

Investition: *Investition ist die Verwendung von liquiden Mitteln. Verwendung bedeutet, dass die beschafften liquiden Mittel beispielsweise für den Kauf einer Maschine oder den Kauf eines Firmengebäudes ausgegeben werden.*

Den Zahlungsfluss beim Kauf einer Maschine zeigt die folgende Übersicht. Durch den Kauf einer Maschine führt die Zahlung des Kaufpreises zuerst zu einer Auszahlung und verringert die Liquidität des Unternehmens. In den folgenden Jahren wird die Maschine in der Produktion eingesetzt. Durch die Veräußerung der Fertigerzeugnisse des Unternehmens steigt die Liquidität durch die erhaltenen Einzahlungen der Kunden.

Im Folgenden erläutern zwei Beispiele die Abgrenzung zwischen den Auswirkungen auf den Gewinn sowie die Liquidität.

Beispiel: Zins- und Tilgungszahlungen eines Darlehens (Finanzierung)

Bei der Tilgung eines Darlehens wird die Liquidität verringert, da die Tilgung zu einem Abfluss an liquiden Mitteln führt. Der Gewinn wird durch die Tilgung eines Darlehens nicht beeinflusst.

Nicht nur die Tilgung, sondern auch die Zinszahlungen führen zu einem Abfluss liquider Mittel. Im Gegensatz zu der Tilgung beeinflussen die Zinszahlungen auch den Gewinn. Zinszahlungen für Darlehen gehen als Zinsaufwendungen in die BWA ein und mindern das Betriebsergebnis.

! Die Summe aus Zinsen und Tilgung ergibt die sog. Annuität.

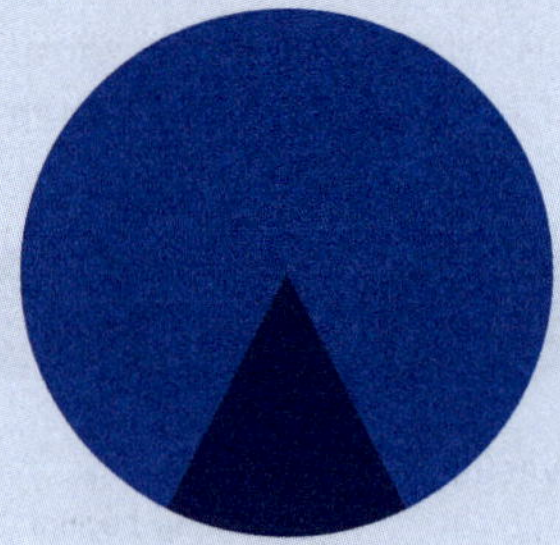

Tilgung + Zinsen = Annuität

Tilgung und Zinszahlungen eines Darlehens: *Die Sonnenverwöhnt GmbH hat vor einigen Jahren ein Darlehen bei ihrer Hausbank aufgenommen. Die monatliche Annuität beträgt 1.500 €. Die GmbH hat ein Annuitätendarlehen (vgl. S. 146) abgeschlossen, um monatlich eine gleichbleibende Zahlungsbelastung zu haben und so die Liquidität besser planen zu können.*

Im März 2019 beträgt der Zinsanteil 500 € und daraus ergibt sich ein Tilgungsanteil in Höhe von 1.000 €. Die folgende Tabelle zeigt die Auswirkungen auf Gewinn und Liquidität:

	Gewinn	Liquidität
Zinsen	*– 500 €*	*– 500 €*
Tilgung	*Keine Auswirkungen*	*– 1.000 €*
Annuität	*– 500 €*	*– 1.500 €*

Dieses Beispiel zeigt, dass die Tilgung den Gewinn und damit die Steuerlast nicht verringert.

! Wenn ein Unternehmen hohe Investitionen durch den Kauf von Maschinen tätigt, zieht dies in den folgenden Jahren hohe Abschreibungen nach sich. Hohe Abschreibungen deuten auf hohe Fixkosten des Unternehmens hin.

Fixe und variable Kosten: *Fixkosten sind Kosten, die unabhängig von der Auslastung der Kapazität im Unternehmen anfallen. Variable Kosten hingegen sind abhängig von der Auslastung des Unternehmens. Beispiele für fixe und variable Kosten zeigt die folgende Tabelle:*

Fixe Kosten	Variable Kosten
• Büromiete • Gehälter für Mitarbeiter • Grundgebühren für Strom, Wasser, Telefon • Abschreibungen für Maschinen	• Löhne für Aushilfen • Verbrauchsabhängige Kosten für Strom, Wasser, Telefon • Material und Waren • Benzin für den Firmenwagen

Je höher die Fixkosten, desto eher besteht die Gefahr, dass ein Unternehmen einen Verlust erzielt, sofern die Auslastung gering ist. Beispielsweise zählt die Hotellerie zu einer Branche mit einem hohen Fixkostenanteil.

Überblick: Die wichtigsten Standard-BWAs

Die folgende Übersicht zeigt die wichtigsten Standard BWAs. Die wichtigste BWA für die Praxis ist die kurzfristige Erfolgsrechnung. Die wichtigsten BWAs für die Praxis werden in den folgenden Kapiteln näher erläutert.

Grundformen BWA	Vergleichende BWA	Weitere BWA
Kurzfristige Erfolgsrechnung	Vorjahresvergleich	Betriebswirtschaftlicher Kurzbericht
Bewegungsbilanz	Soll-Ist-Vergleich	Kapitalflussrechnung
Statische Liquidität	Branchenvergleich	Rating-BWA

Auf den Punkt gebracht

Die BWA ergibt sich aus den Daten der Finanzbuchhaltung. Sie ist ein Informations-, Controlling- und Präsentationsmedium. Die wichtigste Form der BWA ist die kurzfristige Erfolgsrechnung.

Kurzfristige Erfolgsrechnung

Schema der kurzfristigen Erfolgsrechnung

Das Schema der kurzfristigen Erfolgsrechnung sieht wie folgt aus:

Umsatzerlöse
+ Bestandsveränderungen fertige und unfertige Erzeugnisse
+ aktivierte Eigenleistungen
= **Gesamtleistung**
– Materialeinkauf/Wareneinkauf
= **Rohertrag**
– sonstige betriebliche Erlöse
= **betrieblicher Rohertrag**
– Personalkosten
– Raumkosten
– betriebliche Steuern
– Versicherungen/Beiträge
– Besondere Kosten
– Kfz-Kosten (ohne Steuern)
– Werbe-/Reisekosten
– Kosten Warenabgabe
– Abschreibungen
– Reparatur/Instandhaltung
– Sonstige Kosten

Kosten-arten

= **Betriebsergebnis**

– Zinsaufwand
– sonstiger neutraler Aufwand
\+ Zinserträge
\+ sonstige neutrale Erträge
+/– verrechnete kalkulatorische Kosten
= **Ergebnis vor Steuern**
– Steuern vom Einkommen und Ertrag
= **vorläufiges Ergebnis**

Die einzelnen Posten der BWA werden in den folgenden Kapiteln anhand von Praxisbeispielen erläutert. Die Reihenfolge bestimmt sich nach ihrem Vorkommen in der BWA (vgl. Klappenübersichten ganz vorne und ganz hinten im Buch).

> **!** Das Schema der BWA ist nicht gesetzlich vorgeschrieben. Die Zuordnung der einzelnen Erträge bzw. Aufwendungen zu den einzelnen Positionen der BWA sowie das Schema können in der Buchhaltungssoftware geändert werden.

Umsatzerlöse

Zu den Umsatzerlösen zählen die Erlöse aus dem Verkauf von Produkten sowie aus der Erbringung von Dienstleistungen nach Abzug von Erlösschmälerungen und der Umsatzsteuer.

Erlösschmälerungen: *Erlösschmälerungen sind Preisnachlässe, die ein Unternehmer seinen Kunden gewährt. Dazu zählen Skonti, Boni sowie Rabatte. Die folgende Tabelle zeigt den Unterschied zwischen den drei Begriffen:*

Preisnachlass	Erläuterung	Beispiel
Skonto	Preisnachlass bei Zahlung innerhalb einer kurzen Zahlungsfrist	Eine Kundin überweis die Rechnung innerhalb von 10 Tagen anstelle von 20 Tagen und erhält dafür einen Skonto in Höhe von 2 %.
Bonus	Nachträglicher Preisnachlass aufgrund einer erreichten Abnahmemenge	Ein Kunde erhält für die getätigten Einkäufe im Jahr 2018 Anfang 2019 nachträglich einen Bonus in Höhe von 3 % des Umsatzes gutgeschrieben.
Rabatt	Preisnachlass z. B. aufgrund einer hohen abgenommenen Menge (sog. Mengenrabatt)	Eine Kundin kauft dem Unternehmer eine hohe Menge an Waren ab, sodass sie dafür einen Mengenrabatt in Höhe von 15 % erhält.

! Die auf der Ausgangsrechnung (Rechnung an den Kunden) ausgewiesene Umsatzsteuer zählt nicht zu den Umsatzerlösen, wenn das Unternehmen umsatzsteuerpflichtig ist. Die Umsatzsteuer muss mit der nächsten Umsatzsteuer-Voranmeldung ans Finanzamt abgeführt werden.

Auch weitere direkt mit dem Umsatz verbundene Steuern zählen nicht zu den Umsatzerlösen. Zu diesen Steuern zählen beispielsweise die Kaffeesteuer, die Biersteuer, die Tabaksteuer sowie Zölle.

Allerdings gibt es auch Erträge, die nicht zu den Umsatzerlösen zählen, da sie nicht durch Umsätze des Unternehmens entstehen. Erträge können in die folgenden drei Kategorien eingeteilt werden:

- Umsatzerlöse
- Sonstige betriebliche Erlöse
- Neutraler Ertrag

Die folgende Übersicht zeigt den Unterschied der drei Kategorien anhand eines Industrieunternehmens, das Sensoren produziert und an Geschäftskunden vertreibt:

Ertrag	Beispiel
Umsatzerlöse	Der Vertrieb der Sensoren zählt zu den Umsatzerlösen, da dies der Betriebszweck des Unternehmens ist.
Sonstige betriebliche Erlöse	Der Vorstand des Unternehmens nutzt seinen Firmenwagen regelmäßig für Privatfahrten. Die Privatnutzung muss dem Vorstand nach steuerrechtlichen Gesichtspunkten in Rechnung gestellt werden, da es sich um einen sog. geldwerten Vorteil handelt. Der Betrag, der dem Vorstand als geldwerter Vorteil in Rechnung gestellt wird, ist als sonstiger betrieblicher Erlös auszuweisen.
Neutraler Ertrag	Das Unternehmen hat für Bankguthaben auf dem Tagesgeldkonto eine Zinsgutschrift erhalten. Diese Zinserträge zählen zu den neutralen Erträgen, da sie nicht im Zusammenhang mit dem Betriebszweck des Industrieunternehmens stehen.

Die Definition des Begriffes Umsatzerlöse wurde durch die letzte Reform des Handelsgesetzbuches (BilRuG) ausgeweitet. Diese Änderungen werden für alle Geschäftsjahre angewendet, die nach dem 31.12.2015 begonnen haben. Sofern das Geschäftsjahr dem Kalenderjahr entspricht, werden die Umsatzerlöse nach der neuen Definition seit dem Geschäftsjahr 2016 angewendet.

Einige Erträge, die bisher unter den „sonstigen betrieblichen Erlösen" ausgewiesen wurden, werden nun als Umsatzerlöse erfasst. Nach der alten Regelung galten Erträge lediglich dann als Umsatzerlöse, wenn sie zur gewöhnlichen Geschäftstätigkeit des Unternehmens gehören. Durch die Reform spielt dies nun keine Rolle mehr. Auch Erlöse aus Verkäufen von Waren und Erzeugnissen sowie die Erbringung von Dienstleistungen, die nicht zum typischen Leistungsspektrum des Unternehmens zählen, müssen nun als Umsatzerlöse ausgewiesen werden.

Ausweitung Definition Umsatzerlöse: *Die Traumhaft GmbH ist auf die Erbringung von Planungsleistungen für Neubauten spezialisiert. Aufgrund einer Kundenanfrage erbringt die GmbH ausnahmsweise bei einem Neubauprojekt auch Bauleistungen.*

Die Erträge, die aus den Bauleistungen erzielt werden, müssen durch die Neuregelung als Umsatzerlöse ausgewiesen werden. Vor der Reform wurden diese Erträge als „sonstige betriebliche Erlöse" ausgewiesen.

Dieses Beispiel zeigt, dass durch die Ausweitung der Definition des Begriffes Umsatzerlöse für einige Unternehmen die Umsatzerlöse zwischen dem Geschäftsjahr 2015 und 2016 möglicherweise deutlich angestiegen sind.

Auch wenn die BWA keinen gesetzlichen Vorgaben unterliegt, zeigt dieses Beispiel, dass einige gesetzliche Regelungen auf die Finanzbuchhaltung und damit auch auf die BWA einwirken. Durch die Ausweitung des Begriffes der Umsatzerlöse haben sich auch Auswirkungen auf wichtige Kennzahlen ergeben.

! Folgende Erträge werden beispielsweise seit der Gesetzesänderung nun als Umsatzerlöse und nicht mehr als sonstige betriebliche Erlöse ausgewiesen:

- Erträge aus Sozialeinrichtungen des Betriebs
- Kantinenerlöse
- Patent- und Lizenzeinnahmen
- Miet- und Pachteinnahmen (z. B. aus Werkswohnungen)
- Erträge aus Betriebskindertagesstätten

Bestandsveränderungen

Damit alle betrieblichen Leistungen erfasst werden, berücksichtigt die BWA nicht nur die bereits veräußerten Erzeugnisse als Umsatzerlöse, sondern auch die Veränderungen des Bestandes der fertigen und unfertigen Erzeugnisse sowie Waren.

Eine Bestandserhöhung liegt dann vor, wenn in der betrachteten Periode mehr Erzeugnisse produziert als veräußert wurden. Die Bestandserhöhung wird als Erlös betrachtet und erhöht demnach die Gesamtleistung. Da die für die Produktion dieser Erzeugnisse angefallenen Kosten ebenfalls in dieser Periode erfasst werden, erfolgt die Zurechnung der Erlöse äquivalent.

Bei einer Bestandsverringerung wurde in der betrachteten Periode mehr veräußert als produziert. Diese Bestandsminderung wird als Aufwand betrachtet und verringert daher die Gesamtleistung. Das Unternehmen hat Produkte veräußert, deren Produktionskosten in einer anderen Periode angefallen sind. Um eine Verzerrung zu vermeiden, werden Bestandsverringerungen als Aufwand betrachtet. Dieser Aufwand wird durch die Umsatzerlöse ausgeglichen. Denn bei den Umsatzerlösen werden alle veräußerten Erzeugnisse erfasst – unabhängig davon, in welcher Periode sie produziert wurden.

!

Die Bestandsveränderungen sind ein Korrekturposten der erzielten Umsatzerlöse, um nicht erst am Ende des Jahres einen Überblick über die tatsächliche Ertragslage des Unternehmens zu haben. Jedoch müssen bereits während des Jahres Bestandsveränderungen berücksichtigt werden, um dieses Ziel zu erreichen.

Die Bewertung der Fertigerzeugnisse und Waren richtet sich nicht nach den derzeitigen Verkaufspreisen, sondern nach den bis dahin dafür entstandenen Kosten.

Unternehmen, bei denen Bestandsveränderungen eine wichtige Rolle spielen, sollten die Veränderungen unterjährig erfassen, um nicht erst am Ende des Geschäftsjahres einen Einblick in die tatsächliche Ertragslage zu erhalten. Das folgende Beispiel zeigt, welche Interpretationsfehler bei Unterlassen der unterjährigen Berücksichtigung von Bestandsveränderungen entstehen können.

Unterschied bei unterjähriger und einmal jährlicher Erfassung der Bestandsveränderungen: *Die Fair Handel AG erfasst die Bestandsveränderungen nur einmal jährlich. Die BWA des Unternehmens für die Monate Januar bis September 2018 zeigt folgendes Bild:*

Bezeichnung	Januar-September 2018
Umsatzerlöse	*425.000 €*
Bestandsveränderungen	*–*
Aktivierte Eigenleistungen	*–*
= Gesamtleistung	***425.000 €***
Material-/Wareneinkauf	*50.000 €*
= Rohertrag	***375.000 €***
Gesamtkosten	*337.500 €*
Betriebsergebnis	***37.500 €***

Der neue Geschäftsführer des Unternehmens fordert den Leiter der Buchhaltung auf, die Bestandsveränderungen für die ersten neun Monate 2018 zu ermitteln und ihm die korrigierte BWA vorzulegen. Zu Jahresbeginn lagen Waren im Wert von 112.500 € auf Lager, die alle bis zum September 2018 veräußert wurden. Bei der unterjährigen Erfassung der Bestandsveränderungen verringert sich durch die Bestandsminderung die Gesamtleistung um 112.500 €. Anstelle eines positiven Betriebsergebnisses, wird nun ein negatives Betriebsergebnis ausgewiesen.

Diese zeigt das folgende Bild:

Bezeichnung	**Januar-September 2018**
Umsatzerlöse	*425.000 €*
Bestandsveränderungen	*– 112.500 €*
Aktivierte Eigenleistungen	*–*
= Gesamtleistung	***312.500 €***
Material-/Wareneinkauf	*50.000 €*
= Rohertrag	***262.500 €***
Gesamtkosten	*337.500 €*
Betriebsergebnis	***– 75.000 €***

Aktivierte Eigenleistungen

Die aktivierten Eigenleistungen spielen in der Praxis für die meisten Unternehmen keine Rolle. Dahinter verbirgt sich der folgende Sachverhalt: Ein Unternehmen erbringt die Leistungen nicht für seine Kunden, sondern für das eigene Unternehmen. Dies setzt jedoch voraus, dass der Unternehmer oder seine Mitarbeiter für das Unternehmen Sachanlagen wie beispielsweise Maschinen, Gebäude oder Betriebs- und Geschäftsausstattungen herstellen.

Selbst erstellte Sachanlagen: *Die Hoch Hinaus GmbH ist ein Bauunternehmen und baut für ihre Kunden Mehrfamilienhäuser sowie Bürogebäude. Da das Unternehmen in den vergangenen Jahren stetig gewachsen ist, wird ein weiteres Bürogebäude benötigt.*

Die Geschäftsführung der GmbH entscheidet sich, das Bürogebäude von den eigenen Mitarbeitern bauen zu lassen. Die auf den Bau des Bürogebäudes entfallenden Kosten werden als aktivierte Eigenleistung erfasst.

Heutzutage können dies neben materiellen Anlagegütern auch immaterielle Vermögensgegenstände wie beispielsweise eine Internetseite oder ein Webshop sein.

Selbst erstelltes immaterielles Vermögen: *Die Pfiffig GbR erstellt für ihre Kunden Internetseiten und Webshops. Aufgrund von Kundenanfragen wurde das Produktportfolio auf die Strategieberatung für Online-Marketing sowie Suchmaschinenoptimierung ausgeweitet.*

Da die bisherige Internetseite des Unternehmens sehr veraltet ist und die neuen Dienstleistungen noch nicht eingefügt wurden, beschließen die beiden Inhaber, die eigene Internetseite von drei Mitarbeitern neu erstellen zu lassen. Die anfallenden Kosten zählen zu den aktivierten Eigenleistungen.

Hinweis: Bei der Erfassung der anfallenden Kosten müssen strenge Kriterien des Handelsgesetzbuches beachtet werden. Liegt ein solcher Fall vor, sollte das Unternehmen im Voraus Rücksprache mit dem Steuerberater halten, was zu beachten ist.

Gesamtleistung

Die Gesamtleistung setzt sich zusammen aus den Umsatzerlösen, der Bestandsveränderung sowie den aktivierten Eigenleistungen.

Material-/Wareneinkauf

Unter der Position Material-/Wareneinkauf werden alle Materialien und Waren erfasst, die für die Erbringung der Gesamtleistung eingesetzt wurden. Neben dem Einkaufspreis zählen auch Bezugsnebenkosten dazu. Skonti und Rabatte mindern die entstandenen Kosten.

Bezugsnebenkosten: *Bezugsnebenkosten sind Kosten, die bei der Beschaffung von Material und Waren anfallen. Dazu zählen beispielsweise Kosten für den Transport und Verpackungen.*

Beim Material kann zwischen Roh-, Hilfs- und Betriebsstoffen (RHB-Stoffe) unterschieden werden. RHB-Stoffe sind Verbrauchsstoffe und werden als Bestand im Umlaufvermögen unter den Vorräten erfasst. Der Verbrauch der RHB-Stoffe wird in der BWA unter dem Material-/Wareneinkauf gebucht und mindert damit das Betriebsergebnis.

Die folgende Übersicht zeigt den Unterschied der drei Begriffe anhand des Beispiels der Produktion von Holztischen:

Begriff	Definition	Beispiel
Rohstoffe	Wesentlicher Bestandteil des Endproduktes	Holz
Hilfsstoffe	Unwesentlicher Bestandteil des Endproduktes	Schrauben
Betriebsstoffe	Kein Bestandteil des Endproduktes, aber Verbrauchsstoff	Schleifpapier

Auch Halbfertigerzeugnisse und Bauteile, die für die Weiterverarbeitung beschafft wurden, zählen zum Material. Im Handel werden Waren einkauft, die weiterveräußert werden.

Um den Wareneinsatz zu ermitteln, gibt es verschiedene Möglichkeiten. Welche der drei Methoden angewendet wird, hängt von den Gegebenheiten des Unternehmens ab. Die folgende Übersicht zeigt die drei Möglichkeiten sowie Beispiele, wann die Anwendung der jeweiligen Methode empfehlenswert ist:

Methode	Erläuterung	Anwendung
Wareneinsatz entspricht Wareneinkauf	Annahme: eingekaufte Waren innerhalb eines Monats entspricht der verbrauchten Menge im gleichen Zeitraum	Wareneinkauf und -verbrauch unterliegen keinen großen Schwankungen (keine Saisonbetriebe)
Ermittlung des Wareneinsatzes durch Umbuchung	Tatsächlicher monatlicher Verbrauch des Materials oder der Waren wird ermittelt	Bestandsveränderungen spielen für das Unternehmen eine wichtige Rolle (z. B. Saisonbetriebe, große Schwankungen im Jahresverlauf)

Methode	Erläuterung	Anwendung
Ermittlung des Wareneinsatzes in Prozent der Gesamtleistung	Wareneinsatz wird nicht aus tatsächlichen Zahlen, sondern in Prozent der Gesamtleistung aus Erfahrungswerten der Vergangenheit ermittelt	z. B. Einzelhandelsbetriebe, da sie den Verkaufspreis als Aufschlag auf den Einkaufspreis ermitteln

Wenn die Methode angewendet wird, bei der der Wareneinsatz mit dem Wareneinkauf gleichgesetzt wird, können während des Geschäftsjahres keinerlei Aussagen über die tatsächliche Ertragslage des Unternehmens gemacht werden. Eine derartige Vorgehensweise verhindert die Möglichkeit, mit Hilfe der BWA negative Entwicklungen des Unternehmens rechtzeitig erkennen und diesen entgegensteuern zu können.

! Sofern der Wareneinsatz während des Geschäftsjahres in Prozent der Gesamtleistung ermittelt wird, erfolgt während des Jahres keine genaue Berechnung der Ist-Werte aus der Finanzbuchhaltung. Am Jahresende wird der während des Jahres erfasste Wareneinsatz mit dem tatsächlichen verglichen und eine entsprechende Korrektur vorgenommen. Sofern die erforderliche Korrektur im Lauf der Jahre immer größer wird, ist eine Anpassung des Prozentsatzes erforderlich.

Bei der Ermittlung des Wareneinsatzes durch Umbuchung werden immer die tatsächlichen Werte zugrunde gelegt. Mit Hilfe eines Warenwirtschaftssystems kann heutzutage der Bestand an Fertigerzeugnissen und Waren bei größeren Unternehmen ohne großen zeitlichen Aufwand ermittelt werden.

! Für Unternehmen, die kein Warenwirtschaftssystem einsetzen, ist die Ermittlung des Wareneinsatzes aufwendiger. Sofern die monatliche Ermittlung des Wareneinsatzes zeitlich zu aufwendig ist, sollte überlegt werden, diese quartalsweise durchzuführen. Der Fokus der BWA liegt dann nicht auf der monatlichen, sondern der quartalsweisen Betrachtung.

Neben Materialien sowie Waren zählen zu dieser Position auch sog. Fremdleistungen, sofern sie für die Erbringung der Leistungen des Unternehmens eingesetzt wurden. So zählen beispielsweise die Kosten für einen externen Dienstleister zu den Fremdleistungen und nicht zu den Personalkosten. Voraussetzung ist allerdings, dass der Dienstleister zur Leistungserbringung des Unternehmens beigetragen hat.

> ***Fremdleistungen:*** *Die Werbeagentur Ungeschminkt beauftragt die freiberufliche Texterin Anke Herbst mit dem Schreiben der Texte für die Website eines Kunden. Der Mitarbeiter Peter Gemütlich der Werbeagentur programmiert die Website.*
>
> *Das Honorar für die freiberufliche Texterin Anke Herbst wird als Fremdleistung in der BWA erfasst. Anke Herbst erbringt*

eine Dienstleistung, die mit der Umsatzerzielung der Webeagentur im Zusammenhang steht und daher zu den Fremdleistungen gehört.

Der Gehalt sowie die Lohnnebenkosten von Peter Gemütlich werden in der BWA unter den Personalkosten gebucht.

Keine Fremdleistungen: *Die Werbeagentur Ungeschminkt beauftragt das Reinigungsunternehmen Blitzeblank mit der Reinigung der Büroräume. Es handelt sich hier zwar auch um eine externe Dienstleistung. Allerdings steht diese nicht direkt im Zusammenhang mit dem Umsatzerzielungsprozess der Werbeagentur. Die Kosten für die Reinigung der Büroräume wird in der BWA unter den Raumkosten erfasst.*

Rohertrag

Der betriebliche Rohertrag ergibt sich, indem von der Gesamtleistung der Wareneinsatz abgezogen wird.

Sonstige betriebliche Erlöse

Sonstige betriebliche Erlöse sind Erträge, die betriebsbedingt sind, allerdings nicht aus dem eigentlichen Betriebszweck des Unternehmens resultieren. Es handelt sich hier um einen Sammelposten für betriebliche Erträge, die nicht zu den Umsatzerlösen zählen, jedoch durch den Geschäftsbetrieb entstehen.

Durch eine Gesetzesänderung wurde die Definition der Umsatzerlöse ausgeweitet. Seither zählen einige Erträge, die bisher unter den sonstigen betrieblichen Erlösen erfasst wurden, zu den Umsatzerlösen (vgl. S. 37).

Beispiele sonstige betriebliche Erlöse

- *Privatnutzung von Gegenständen des Unternehmens (z. B. Firmenfahrzeug, Firmen-Telefon)*
- *Erhaltener Schadensersatz einer Versicherung*
- *Kursgewinne aus Währungsumrechnung*
- *Preisgelder (z. B. Nachhaltigkeitspreis, Gründerpreis)*
- *Erhaltene Provisionen (kein Hauptgeschäft)*
- *Erträge aus der Veräußerung von Sachanlagevermögen*
- *Erträge aus der Auflösung von Rückstellungen*
- *Erträge aus abgeschriebenen Forderungen*
- *Zuschreibungen*

!

Die unter den sonstigen betrieblichen Erträgen erfassten Sachverhalte sind sog. neutrale Erträge, da sie nicht direkt mit dem Betriebszweck des Unternehmens im Zusammenhang stehen. Sie können in der BWA auch unter dem Posten „sonstige neutrale Erträge" erfasst werden.

Die von der Buchhaltungssoftware vorgegebene Zuordnung der einzelnen Buchungskonten zu den entsprechenden Positionen in der BWA kann individuell angepasst werden. Durch eine individuelle Zuordnung der Buchungskonten erhöht sich die Aussagekraft der BWA, da sie den individuellen Bedürfnissen des Unternehmens angepasst wird.

Zur Verdeutlichung der Beispiele für sonstige betriebliche Erträge, werden im Folgenden einige detaillierter dargestellt und einige Fachbegriffe näher beschrieben.

Bei den erhaltenen Provisionen ist für die Einordnung als sonstige betriebliche Erlöse entscheidend, dass diese nicht zum Hauptgeschäft des Unternehmens zählen. Sofern der Betriebszweck eines Unternehmens beispielsweise die Vermittlung von Ferienwohnungen ist, handelt es sich nicht um sonstige betriebliche Erlöse, sondern um Umsatzerlöse. Das folgende Beispiel verdeutlicht den Unterschied.

> ***Erhaltene Provisionen:*** *Madeleine Huber ist Einzelunternehmerin und vermittelt von Deutschland aus Ferienhäuser auf der portugiesischen Insel Madeira. Sie erhält pro vermittelter Übernachtung eine Provision in Höhe von 15 % des Übernachtungspreises. Die erzielten Erträge aus der Vermittlung zählen bei Frau Huber als Umsatzerlöse.*
>
> *Der Ehemann von Madeleine Huber ist ebenfalls Unternehmer und betreibt eine Gebäudereinigung mit 20 Mitarbeitern. Als er auf Nachfrage von Kunden einen Bekannten für die Moderation eines Firmenevents empfiehlt, erhält er von seinem Bekannten eine Vermittlungsprovision. Da die Vermittlung nicht zum Betriebszweck zählt, wird diese als sonstiger betrieblicher Erlös verbucht.*

Bei den Erträgen aus der Veräußerung von Sachanlagevermögen ist entscheidend, dass dies ebenfalls nicht zum Betriebszweck des Unternehmens zählen. Bei dem Verkauf handelt es sich um einen einmaligen Vorgang, der außerhalb der laufenden Tätigkeit des Unternehmens stattfindet. Ein Ertrag wird dann erzielt, wenn der Restbuchwert des betroffenen Vermögensgegenstandes niedriger ist als der erzielte Nettoveräußerungserlös.

> **!** Sachanlagevermögen zählt zu dem Vermögen, dass dauerhaft (> 1 Jahr) im Unternehmen bleibt. Demnach gehören produzierte Fahrzeuge für den Verkauf bei einem Automobilhersteller nicht zum Sachanlagevermögen, sondern zum Umlaufvermögen. Denn dieses bleibt lediglich vorübergehend (< 1 Jahr) im Unternehmen.

(Rest-)Buchwert: *Der Buchwert ist der Betrag, mit dem Vermögen und Schulden eines Unternehmens in der Bilanz erfasst werden.*

Der Restbuchwert ist der Betrag von Vermögen eines Unternehmens in der Bilanz, der sich durch die Berücksichtigung von Abschreibungen ergibt. Die Abschreibung ist die Erfassung der Wertminderung von Vermögensgegenständen des Unternehmens.

> ***Erträge aus dem Verkauf von Sachanlagevermögen:*** *Die Herbst GmbH produziert Zahnbürsten. Da die Produktion erhöht werden soll, wird eine neue Maschine benötigt, die alte Maschine wird veräußert. Der Restbuchwert der Maschine beträgt 80.000 €. Aufgrund erfolgreicher Verhandlungen kann die Herbst GmbH für die Maschine einen Nettoverkaufserlös in Höhe von 100.000 € erzielten.*
>
> *Der Ertrag ermittelt sich aus der Differenz zwischen dem Nettoverkaufserlös und dem Restbuchwert der Maschine. Der erzielte Ertrag in Höhe von 20.000 € wird als sonstiger betrieblicher Erlös ausgewiesen.*

Erträge aus der Auflösung von Rückstellungen entstehen dann, wenn die gebildeten Rückstellungen in der Vergangenheit zu hoch waren.

Rückstellungen: *Rückstellungen sind Verbindlichkeiten, die in ihrem Bestehen oder aber der Höhe nach unsicher sind. Es ist jedoch sehr wahrscheinlich, dass das Unternehmen die Zahlung leisten muss.*

Beispiele für Rückstellungen:

- *Pensionsrückstellungen*
- *Steuerrückstellungen*
- *Rückstellungen für laufende Prozesse*
- *Rückstellungen für Garantieverpflichtungen*

Die Rückstellungen sind in der Vergangenheit entstanden, müssen aber erst in der Zukunft (d. h. in einem künftigen Geschäftsjahr) bezahlt werden.

! Rückstellungen zählen zum Fremdkapital. Sie dürfen nicht mit Rücklagen verwechselt werden. Rücklagen gehören zum Eigenkapital.

Bei der Rückstellung muss zwischen der Bildung und der Auflösung der Rückstellungen unterschieden werden. Die Rückstellung muss in dem Geschäftsjahr gebildet werden, zu dem sie wirtschaftlich gehört. Die Auflösung der Rückstellung ist erst dann zulässig, wenn der Grund für die Bildung entfallen ist. Erträge aus der Auflösung von Rückstellungen entstehen dann, wenn eine Rückstellung aufgelöst werden muss und die gebildete Rückstellung höher ist als die tatsächliche Zahlung.

> *Erträge aus der Auflösung von Rückstellungen: Die Sommer AG hat im Jahr 2018 einen höheren Gewinn erzielt als im Vorjahr. Daher waren die geleisteten Vorauszahlungen für die Gewerbesteuer zu gering. Bei der Aufstellung des Jahresabschlusses wird mit einer Gewerbesteuernachzahlung in Höhe von 150.000 € gerechnet. Im August 2019 erhält die Sommer AG den Steuerbescheid mit einer Gewerbesteuernachzahlung in Höhe von 140.000 €.*
>
> *Im Jahresabschluss 2018 wird eine Gewerbesteuerrückstellung in Höhe von 150.000 € gebildet. Diese mindert den Gewinn im Jahr 2018, hat jedoch zu diesem Zeitpunkt keine Auswirkungen auf die Liquidität.*
>
> *Nach Erhalt des Steuerbescheids im August 2019 besteht keine Unsicherheit mehr hinsichtlich der Höhe der zu leistenden Zahlung. Daher muss die Rückstellung aufgelöst werden. Da die geschätzte Zahlung jedoch zu hoch war, wurde der Gewinn um 10.000 € zu viel geschmälert. Dies muss im Jahresabschluss 2019 korrigiert werden. Die Korrektur eines zu hohen Aufwandes erfolgt immer über die Buchung eines Ertrags. In diesem Fall werden demnach 10.000 € als Erträge aus der Auflösung von Gewerbesteuerrückstellungen gebucht und erhöhen somit den Gewinn im Jahr 2019. Mit der Überweisung der Gewerbesteuernachzahlung wird nun die Liquidität des Unternehmens beeinflusst.*

Bei der Aufstellung des Jahresabschlusses müssen die Forderungen auf ihre sog. Werthaltigkeit überprüft werden. So muss geprüft werden, ob es Forderungen gibt, die vom

Kunden vermutlich nicht beglichen werden, da sich dieser beispielsweise in Zahlungsschwierigkeiten befindet.

Bei der Überprüfung der Werthaltigkeit der Forderungen wird zwischen den folgenden drei Kategorien der Forderungen differenziert:

- Einwandfreie Forderungen
- Zweifelhafte Forderungen
- Uneinbringliche Forderungen

Sofern das Unternehmen bestehende einwandfreie Forderungen als uneinbringliche Forderungen einordnet, müssen diese abgeschrieben werden. Dies ist im Falle einer Kundeninsolvenz oft gegeben – zumindest für einen Großteil der Forderung.

Abschreibung einer Forderung bedeutet, dass die zuvor erfassten Umsatzerlöse wieder rückgängig gemacht werden. Denn wenn der Kunde die Rechnung endgültig nicht begleicht, sind die Umsatzerlöse tatsächlich nicht erzielt worden.

> **!** Bei der Abschreibung von Forderungen muss auch die Umsatzsteuer korrigiert werden. Die Korrektur muss dann wieder angepasst werden, wenn der Kunde die uneinbringliche Forderung doch noch überweist.

Sofern der geschätzte Zahlungsausfall höher ist als der tatsächliche, müssen die zu hohen Anpassungen erneut korrigiert werden. Diese erneute Korrektur erfolgt über die Buchung eines Ertrags – Erträge aus abgeschriebenen Forderungen.

Erträge aus abgeschriebenen Forderungen: *Die Frühlings AG hat ihrer Kundin, der Winter GmbH für noch offene Rechnungen bereits mehrere Mahnungen geschickt. Bei der Aufstellung des Jahresabschlusses 2018 geht sie aufgrund einer Insolvenz des Kunden davon aus, dass die Forderungen in voller Höhe uneinbringlich sind und diese vollständig abgeschrieben werden müssen. Das Insolvenzverfahren wurde durch das Insolvenzgericht abgelehnt, da das vorhandene Vermögen nicht einmal ausreicht, um die Kosten für einen Insolvenzverwalter zu begleichen.*

Im Oktober 2019 überweist die Winter GmbH der Frühlings AG 30 % der ursprünglichen Forderung. Dieser Geldeingang wird als Ertrag aus abgeschriebenen Forderungen erfasst.

!

Bei einem Unternehmen, das den Gewinn mit Hilfe der Einnahmen-Überschuss-Rechnung ermittelt, ist folgendes zu beachten:

In diesem Fall gilt das Zuflussprinzip. Das bedeutet, dass die Umsatzerlöse erst dann den steuerlichen Gewinn erhöhen, wenn der Kunde die Rechnung beglichen hat.

Sofern der Kunde die Rechnung vom August 2018 erst im Juli 2019 begleicht, müssen die daraus erzielten Umsatzerlöse erst im Jahr 2019 versteuert werden. Durch diese Vorgehensweise kann jedoch der Gewinn des Unternehmens verzerrt werden, da dieser in diesem Beispiel vom Zahlungszeitpunkt des Kunden beeinflusst wird.

Auch Zuschreibungen zählen zu den sonstigen betrieblichen Erlösen. Bei einer Zuschreibung handelt es sich um die Erhöhung des Buchwertes des Anlagevermögens des Unternehmens im Vergleich zum vorherigen Geschäftsjahr.

Das Gegenteil der Zuschreibung ist die Abschreibung. Bei der Abschreibung wird die Wertminderung des Anlagevermögens erfasst. Eine Zuschreibung kann nur dann erfolgen, wenn das entsprechende Anlagevermögen in der Vergangenheit aufgrund einer besonderen Wertminderung außerplanmäßig (vgl. S. 151) abgeschrieben wurde.

! Weder bei der Abschreibung noch bei der Zuschreibung ergeben sich Auswirkungen auf die Liquidität des Unternehmens. Lediglich der Gewinn wird verringert. bzw. erhöht.

Zuschreibungen: *Im Anlagevermögen der Köln AG befindet sich ein unbebautes Grundstück, das 2010 von der Berlin GmbH für 400.000 € erworben wurde.*

Im Jahr 2014 wird bekannt, dass der Vorbesitzer giftige Stoffe auf dem Grundstück gelagert hat. Der aktuelle Wert des Grundstücks wird von einem Gutachter auf 150.000 € geschätzt. Die Köln AG beauftragt einen Anwalt, den entstandenen Schaden von der Berlin GmbH ersetzt zu bekommen.

Nach jahrelangen Streitigkeiten wird 2017 der Rechtsstreit durch die Verurteilung der Berlin GmbH beendet. Diese muss die Kosten der Dekontaminierung des Grundstücks tragen. Die Arbeiten werden 2018 abgeschlossen und der Wert des Grundstücks steigt wieder. Aufgrund erheblicher Preissteige-

rungen der vergangenen Jahre beträgt der Wert des Grundstücks laut Aussage eines Gutachters nun 600.000 €.

Lösung:

Im Jahr 2014 muss eine außerplanmäßige Abschreibung des Grundstücks in Höhe von 250.000 € vorgenommen werden. In der Bilanz steht das Grundstück nun mit einem Restbuchwert in Höhe von 150.000 €.

Da das Grundstück im Jahr 2017 wieder im Wert gestiegen ist, muss eine Zuschreibung erfolgen. Das Handelsgesetzbuch erlaubt lediglich eine Zuschreibung bis zum ursprünglichen Kaufpreis des Grundstücks. Somit wird eine Zuschreibung in Höhe von 150.000 € erfasst. Der Restbuchwert des Grundstücks beträgt nun wieder 400.000 €.

Betrieblicher Rohertrag

Der Rohertrag sowie die sonstigen betrieblichen Erlöse ergeben zusammen den betrieblichen Rohertrag.

Personalkosten

Zu den Personalkosten zählen alle Löhne und Gehälter von Minijobbern, Angestellten sowie Geschäftsführern. Außerdem zählen dazu auch die Lohnnebenkosten von sozialversicherungspflichtig Beschäftigten und Minijobbern. Auch weitere Gehaltsbestandteile wie vermögenswirksame Leistungen sowie die betriebliche Altersvorsorge werden hier erfasst.

> **!** Kosten für externe Dienstleister zählen nicht zu den Personalkosten. Diese werden als sog. Fremdleistungen unter den Kosten für den Material- und Wareneinkauf (vgl. S. 46) erfasst.

Sofern der Arbeitgeber seinen Mitarbeitern Sachzuwendungen gewährt, werden diese ebenfalls unter den Personalkosten erfasst.

Sachzuwendungen: Sachzuwendungen an Arbeitnehmer sind aus Sicht des Unternehmens Kosten, die dem Arbeitnehmer nicht direkt als Geld bezahlt werden. Dies ist ein sog. geldwerter Vorteil, bei dem der Arbeitgeber seinem Arbeitnehmer beispielsweise Sachleistungen gewährt. Benzingutscheine sind beispielsweise Sachzuwendungen.

Der Vorteil ist, dass bis zu bestimmten Grenzen die Sachzuwendungen weder der Lohnsteuer- noch der Sozialversicherung unterliegen. Allerdings müssen bei der Umsetzung im Unternehmen die steuerrechtlichen Vorschriften beachtet werden, da die Abgabenbefreiung ansonsten entfällt.

> **!** Bei einem Einzelunternehmer fallen für dessen geleistete Arbeit jedoch keine Personalkosten an. Er kann jedoch seine Arbeitsleistung als kalkulatorischen Unternehmerlohn (vgl. S. 28) buchen.

Raumkosten

Zu den Raumkosten zählen alle Kosten, die im Abrechnungszeitraum für die gemieteten Räumlichkeiten des Unternehmens angefallen sind. Neben der Miete sind dies auch alle anfallenden Nebenkosten.

> *Beispiele Raumkosten*
>
> - *Miete*
> - *Pacht*
> - *Gas*
> - *Strom*
> - *Wasser*
> - *Heizung*
> - *Reinigung*
> - *Instandhaltung der betrieblichen Räume*
> - *Grundsteuer*

> **!** Die Miete für Büroräume wird nur dann erfasst, wenn diese tatsächlich bezahlt wird. Wenn ein Einzelunternehmer seine privaten Räumlichkeiten als Büro für sein Unternehmen nutzt, wird in der Finanzbuchhaltung keine Mietzahlung gebucht. Sofern eine kalkulatorische Miete für die Preiskalkulation angesetzt wird, taucht diese unter der Position „verrechnete kalkulatorische Kosten" (vgl. S. 75) in der BWA auf.

Betriebliche Steuern

Neben den Steuern vom Einkommen und Ertrag (vgl. S. 76) müssen oftmals in anderen Unternehmensbereichen Steuern entrichtet werden. Diese Steuern hängen anders als die Steuern vom Einkommen und Ertrag nicht von der Höhe des Gewinns des Unternehmens ab.

Neben der Ökosteuer gibt es noch sonstige Betriebssteuern, die unter der Position betriebliche Steuern ausgewiesen werden. Kfz-Steuer wird der Position Kfz-Kosten (vgl. S. 64) zugerechnet, die Grundsteuer gehört zu den Raumkosten (vgl. S. 61).

Beispiele sonstige Betriebssteuern

- *Tabaksteuer*
- *Versicherungssteuer*
- *Ausfuhrzölle*

Versicherungen/Beiträge

Zu Versicherungen zählen betrieblich veranlasste Versicherungen wie beispielsweise eine Betriebshaftpflicht-Versicherung.

Einige Unternehmen sind Pflichtmitglied bei der Handwerkskammer oder der Industrie- und Handelskammer. Die Mitgliedsbeiträge hängen in der Regel von der Höhe des Gewinns ab. Die dafür anfallenden Kosten werden unter der Position „Beiträge" erfasst.

Zudem zählen zu den Beiträgen Mitgliedsbeiträge bei Wirtschafts- oder Unternehmerverbänden (z. B. Bundesverband der Deutschen Industrie e. V.).

Besondere Kosten

Unter den besonderen Kosten können unternehmensspezifische Aufwendungen ausgewiesen werden, die in der BWA separat aufgezeigt werden sollen.

> *Franchisegebühren:* *Die Gastronomin Emilia Lecker betreibt ein Restaurant als Franchise-Unternehmen. Die zu zahlende Franchisegebühr setzt sich aus einem monatlich festgelegten Betrag sowie einem umsatzabhängigen Betrag zusammen.*
>
> *Um beim Lesen ihrer BWA auf einen Blick die Höhe der Franchisegebühren zu sehen, hat sie mit ihrem Steuerberater vereinbart, dass diese unter den besonderen Kosten ausgewiesen werden.*

Sofern der Unternehmer Kosten hat, die er von allen anderen Kosten getrennt erfassen möchte, sollten diese der Position „besondere Kosten" zugeordnet werden.

> *Vermittlungsgebühren:* *Der Unternehmer Daniel Freundlich vertreibt Softwarelizenzen für eine digitale Arbeitszeiterfassung. Um schneller zu wachsen, bietet er Bestandskunden eine Vermittlungsprovision an. Diese wird dann einmalig gezahlt, wenn der geworbene Kunde eine Softwarelizenz erwirbt.*
>
> *In seiner BWA werden die Kosten für die Vermittlung bisher noch nicht separat ausgewiesen. Herr Freundlich möchte künftig wissen, wie hoch die monatlich gezahlten Vermittlungsprovisionen sind. Da er viel zu tun und für das Lesen der BWA monatlich nur sehr wenig Zeit hat, möchte er die Kosten für die Vermittlungsprovisionen in der BWA getrennt ausgewiesen haben.*

Kfz-Kosten

Unter Kfz-Kosten werden alle Aufwendungen erfasst, die für die Firmenfahrzeuge während des Geschäftsjahres angefallen sind.

> *Beispiele Kfz-Kosten*
> - *Benzin*
> - *Reparaturen*
> - *Versicherungen*
> - *Kfz-Steuern*
> - *Leasingraten*
> - *Autowäsche*
> - *TÜV*
> - *Garagenmiete für das Firmenfahrzeug*

Werbe-/Reisekosten

Werbekosten sind alle Kosten, die ein Unternehmen zur Verkaufs- und Absatzförderung ausgibt. Dazu gehören alle Kosten sowohl für Print- als auch für Online-Werbung.

> *Beispiele Werbekosten*
> - *Kosten für eine Printanzeige in einer Tageszeitung oder Fachzeitschrift*
> - *Kosten für Kino- und Radiowerbung*
> - *Kosten für Online-Anzeigen*

- *Kosten für Werbung in sozialen Medien (z. B. Facebook, Xing)*
- *Kosten für die Gestaltung der Anzeigen*
- *Kosten für Erhöhung der Auffindbarkeit im Internet (sog. Suchmaschinenoptimierung)*

Reisekosten sind alle Kosten im Zusammenhang mit Reisen des Unternehmers und seiner Mitarbeiter. Neben Übernachtungskosten zählen dazu auch Fahrtkosten sowie Parkgebühren.

Weitere Beispiele Werbe- und Reisekosten

- *Repräsentationskosten*
- *Bewirtungskosten*
- *Geschenke*
- *Aufmerksamkeiten*

! Bewirtungskosten und Geschenke sind Kosten, die nur begrenzt als Betriebsausgaben den steuerlichen Gewinn mindern.

Kosten Warenabgabe

Alle Kosten, die mit dem Versenden bzw. der Abgabe der Waren an den Kunden zusammenhängen, zählen zu den Kosten Warenabgabe.

Beispiele Kosten Warenabgabe

- *Kosten für Verpackungsmaterial*
- *Kosten für Gewährleistungshaftung*
- *Transportversicherungen*
- *Frachtkosten*
- *Verkaufsprovisionen*

Abschreibungen

Unter der Position Abschreibungen (vgl. S. 148) wird die Abnutzung des Anlagevermögens erfasst. Neben den Abschreibungen des Anlagevermögens zählen zu dieser Position auch Abschreibungen für uneinbringliche Forderungen.

Abschreibungen auf uneinbringliche Forderungen: *Die Jojoba GmbH hat im Jahr 2016 Waren an die Mandel AG geliefert. Im Jahr 2017 meldet die Mandel AG Insolvenz an. Mangels Masse wird das Insolvenzverfahren nicht eröffnet und im Jahr 2018 schreibt die Jojoba GmbH diese uneinbringliche Forderung in voller Höhe ab.*

Durch die Abschreibung der Forderung wird das Betriebsergebnis im Jahr 2018 verringert. Da die Jojoba GmbH eine Bilanz erstellen muss, wurden die Umsatzerlöse 2016 gewinnerhöhend erfasst. Mit der Abschreibung der Forderung werden diese sozusagen wieder rückgängig gemacht.

! Abschreibungen verringern den Gewinn, haben jedoch keine Auswirkungen auf die Liquidität des Unternehmens.

Die Höhe der Abschreibungen ist von den gültigen gesetzlichen Regelungen abhängig und kann daher variieren, sofern die Abschreibungsregeln geändert werden.

> **!** Um die Aussagekraft der BWA zu erhöhen, sollten die Abschreibungen nicht erst am Jahresende, sondern monatlich gebucht werden.

Reparatur/Instandhaltung

Hier werden alle Instandhaltungs- und Reparaturkosten erfasst, die Maschinen, technische Anlagen sowie die Betriebs- und Geschäftsausstattung betreffen.

Auch die Instandhaltungen und Wartungen von Computern als auch Software werden in dieser Position ausgewiesen.

> **!** Reparaturkosten für Firmenfahrzeuge werden unter der Position Kfz-Kosten ausgewiesen. Kosten für Instandhaltungen von Gebäuden werden unter den Raumkosten erfasst.

Sonstige Kosten

Zu den sonstigen Kosten zählen diverse betriebliche Aufwendungen, die in keine der anderen Kategorien eingeordnet werden können.

Beispiele sonstige Kosten

- *Porto*
- *Telefon*
- *Internetkosten*
- *Bürobedarf*
- *Zeitschriften, Bücher (Fachliteratur)*
- *Fortbildungskosten*
- *Rechts- und Beratungskosten*
- *Abschluss- und Prüfungskosten*
- *Buchführungskosten*
- *Werkzeuge und Kleingeräte*
- *Sonstiger Betriebsbedarf*

Sonstiger Betriebsbedarf ist ein Sammelkonto für Aufwendungen, die keinem anderen Konto zugeordnet werden können. Es handelt sich dabei um Kosten für Gegenstände, die der Unternehmer für seinen Betrieb benötigt und die nicht zum Bürobedarf zählen.

Beispiele Bürobedarf

- *Papier*
- *Briefumschläge*
- *Ordner*
- *Stifte*

Beispiele sonstiger Betriebsbedarf

- *Typische Berufskleidung (z. B. Schürze für den Koch)*
- *Kaffee*
- *Dekorationsgegenstände*

Gesamtkosten

Die Gesamtkosten ergeben sich aus allen Kosten mit Ausnahme der Materialkosten.

Betriebsergebnis

Der betriebliche Rohertrag abzüglich der Gesamtkosten ergibt das Betriebsergebnis. Dieses zeigt, wieviel der Betrieb im Rahmen seiner unternehmerischen Tätigkeit für die Eigen- und Fremdkapitalgeber erwirtschaftet hat und ist damit ein Ausdruck der Leistungsfähigkeit.

! Die kalkulatorischen Kosten sind beim Betriebsergebnis noch nicht berücksichtigt. Sofern ein Unternehmen kalkulatorische Kosten (z. B. kalkulatorischer Unternehmerlohn, kalkulatorische Miete) erfasst, wird sich dies auf das Ergebnis vor Steuern auswirken. Zu beachten ist jedoch, dass kalkulatorische Kosten den zu versteuernden Gewinn nicht verringern.

Das folgende Beispiel zeigt den Unterschied zweier Unternehmen in Bezug auf kalkulatorische Kosten.

Unterschied Betriebsergebnis: *Einzelunternehmerin A hat ihre Büroräume gemietet und hat daher Mitaufwendungen in der BWA, die in den Gesamtkosten enthalten sind.*

Einzelunternehmerin B nutzt ihr privaten Räumlichkeiten als Büro und verrechnet für ihre Preiskalkulation dafür eine kalkulatorische Miete.

	Einzelunternehmerin A	Einzelunternehmerin B
Gesamtleistung	200.000 €	200.000 €
– Gesamtkosten (davon kalkulatorische Miete)	60.000 €	84.000 € (24.000 €)
= Betriebsergebnis	140.000 €	116.000 €
– verrechnete kalkulatorische Kosten	24.000 €	0 €
= Ergebnis vor Steuern	60.000 €	60.000 €

Zinsaufwand

Zinsaufwendungen sind Zinsen, die das Unternehmen für Darlehen bei der Bank oder aber das Überziehen des Girokontos bezahlen muss. Zinsaufwendungen zählen zu den neutralen Aufwendungen und werden separat zum Betriebsergebnis dargestellt.

Sonstiger neutraler Aufwand

Neutrale Aufwendungen: Neutrale Aufwendungen sind Aufwendungen, die nicht direkt etwas mit dem Geschäft des Unternehmens zu tun haben. Bei der Kalkulation von Preisen werden diese Aufwendungen nicht als Kosten berücksichtigt.

Sonstige neutrale Aufwendungen werden von den Zinsaufwendungen abgegrenzt. Sie lassen sich in drei Kategorien einteilen, die allerdings nicht überschneidungsfrei sind:

- betriebsfremd
- periodenfremd
- außerordentlich

Aufwendungen, die zu eine der drei Kategorien zählen, werden als neutrale Aufwendungen eingestuft und daher nicht in die Kostenrechnung übernommen. Die folgende Übersicht grenzt die drei Kategorien voneinander ab und zeigt Beispiele auf:

Begriff	Definition	Beispiel
Betriebsfremde Aufwendungen	Aufwendungen stehen nicht im Zusammenhang mit dem Betriebsweck des Unternehmens	Spende des Unternehmens für einen karitativen Zweck
Periodenfremde Aufwendungen	Aufwendungen gehören zu einer anderen Periode	Steuernachzahlung im Jahr 2019 für das Jahr 2018

Begriff	Definition	Beispiel
Außerordentliche Aufwendungen	Aufwendungen fallen nur einmalig oder unregelmäßig anfallen	• Verkauf von nicht mehr benötigtem Anlagevermögen mit Verlust • Brandschaden am Gebäude, der nicht versichert war • Schäden durch Naturkatastrophen (z. B. Hochwasser), die nicht versichert sind

! Die Zuordnung der entsprechenden Aufwendungen zu den neutralen Aufwendungen erfolgt nicht in jeder Buchhaltungssoftware identisch. Hier kann der sog. Wertenachweis (vgl. S. 116) ggf. die Information aufzeigen, welche Buchungskonten unter den neutralen Aufwendungen eingeordnet wurden. Alternativ kann die Zuordnung einzelner Buchungskonten zu einer Position in der BWA manuell geändert werden.

Neutraler Aufwand

Der neutrale Aufwand setzt sich aus dem Zinsaufwand und dem sonstigen neutralen Aufwand zusammen.

Zinserträge

Zinsen, die das Unternehmen auf Bankguthaben erhält, werden unter den Zinserträgen erfasst. Zinserträge zählen zu den neutralen Erträgen. Neutrale Erträge stehen nicht im Zusammenhang mit dem Betriebszweck des Unternehmens.

Sonstiger neutraler Ertrag

Neutrale Erträge: Neutrale Erträge sind Erträge, die nicht direkt etwas mit dem Geschäft des Unternehmens zu tun haben. Bei der Kalkulation von Preisen werden diese Erträge nicht als Leistungen erfasst.

Sonstige neutrale Erträge werden von den Zinserträgen abgegrenzt. Sie lassen sich – wie die neutralen Aufwendungen – in drei Kategorien einteilen, die allerdings nicht überschneidungsfrei sind:

- betriebsfremd
- periodenfremd
- außerordentlich

Neutrale Erträge zählen nicht zu den Leistungen, die das Unternehmen erbringt, obwohl sie den Gewinn des Unternehmens erhöhen.

! Die neutralen Erträge werden in der BWA oftmals unter den „sonstigen betrieblichen Erträgen" erfasst. Die Zuordnung der Buchungskonten zu den einzelnen Positionen in der BWA gibt die Buchhaltungssoftware vor. Dies kann jedoch geändert werden, sofern dadurch die Aussagekraft der BWA des Unternehmens erhöht wird.

Die folgende Übersicht zeigt den Unterschied der drei Kategorien sowie entsprechende Beispiele:

Begriff	Definition	Beispiel
Betriebsfremde Erträge	Erträge stehen nicht im Zusammenhang mit dem Betriebszweck des Unternehmens	Mieterträge eines Industrieunternehmens
Periodenfremde Erträge	Erträge gehören zu einer anderen Periode	Steuerrückerstattung im Jahr 2019 für das Jahr 2018
Außerordentliche Erträge	Erträge fallen nur einmalig oder unregelmäßig an	• Verkauf von nicht mehr benötigtem Anlagevermögen mit Gewinn • Versicherungsentschädigung für einen Brandschaden • Geldeingänge einer abgeschriebenen Forderung

Verrechnete kalkulatorische Kosten

Verrechnete kalkulatorische Kosten stellen buchhalterisch keine Kostenposition dar. Sie zählen als Ertragsposition zu den neutralen Erträgen. Die verrechneten kalkulatorischen Kosten korrigieren alle in der Buchhaltung erfassten kalkulatorischen Kosten.

> *Kalkulatorische Miete: Ein Einzelunternehmer nutzt seine privaten Räumlichkeiten als Büro für sein Unternehmen. Dafür setzt er monatlich eine kalkulatorische Miete an, um dies bei seiner Preiskalkulation zu berücksichtigen. Die angesetzte kalkulatorische Miete setzt er in der Höhe an, was er für ein vergleichbares Büro bezahlen müsste. Da es sich um eine kalkulatorische Miete handelt, fließt kein Geld.*
>
> *Die kalkulatorische Miete wird in der Finanzbuchhaltung genauso gebucht, wie eine tatsächlich gezahlte Miete. Sie taucht daher bei der entsprechenden Kostenposition (hier: „Raumkosten") auf und verringert somit das Betriebsergebnis. Da die kalkulatorische Miete jedoch zu keiner Auszahlung (= Geldabfluss) führt, wird sie in identischer Höhe in den „verrechneten kalkulatorischen Kosten" als Ertrag wieder gegengebucht.*

> **!** Die kalkulatorische Miete beeinflusst den Gewinn nicht und verringert folglich auch nicht die Steuerzahlung des Einzelunternehmers.
>
> Die Zielsetzung der kalkulatorischen Kosten ist die Berücksichtigung dieser bei der Preiskalkulation.

Neutraler Ertrag

Die Summe aus Zinserträgen, sonstigem neutralen Ertrag sowie verrechneten kalkulatorischen Kosten ergibt den neutralen Ertrag.

Ergebnis vor Steuern

Das Ergebnis vor Steuern ergibt sich, indem vom Betriebsergebnis die neutralen Aufwendungen abgezogen und die neutralen Erträge dazugerechnet werden.

Steuern vom Einkommen und Ertrag

Die hier erfassten Steuern sind in der Regel abhängig vom Gewinn, den das Unternehmen erzielt. Bei der Berechnung der zu zahlenden Steuern wird der Gewinn an die steuerlichen Gesetze angepasst. Weitere Steuern, die das Unternehmen unabhängig von der Höhe des Gewinns abführen muss, werden unter der Position „betriebliche Steuern" gebucht.

Beispiele Steuern vom Einkommen und Ertrag

- *Gewerbesteuer*
- *Körperschaftssteuer*
- *Einkommensteuer*
- *Solidaritätszuschlag*

Ob Körperschaftssteuer oder Einkommensteuer gezahlt wird, hängt von der Rechtsform des Unternehmens ab.

Einzelunternehmer und Personengesellschaften (z.B. KG, OHG) bezahlen Einkommensteuer, Solidaritätszuschlag und Gewerbesteuer. Kapitalgesellschaften (AG, GmbH) hingegen bezahlen Körperschaftssteuer, Solidaritätszuschlag sowie Gewerbesteuer.

> **!**
>
> Die Körperschaftssteuer beträgt derzeit 15 %.
>
> Die Höhe der prozentualen Einkommensteuer hängt von der Höhe des Gewinns ab. Je höher der Gewinn, desto höher ist der Einkommensteuersatz. Derzeit gilt der Spitzensteuersatz von 42 % und ab einem Einkommen von 260.000 € ein Reichensteuersatz von 45 %.
>
> Die Höhe der Gewerbesteuer ist abhängig davon, wo das Unternehmen seinen Sitz hat. Sie wird von den Gemeinden erhoben. Nicht alle Unternehmen müssen Gewerbesteuer bezahlen, wie beispielsweise Journalisten und Autoren.
>
> Der Solidaritätszuschlag beträgt 5,5 %. Grundlage für die Berechnung des Solidaritätszuschlags ist die Körperschafts- bzw. Einkommensteuer.

Vorläufiges Ergebnis

Das vorläufige Ergebnis ergibt sich, wenn vom Ergebnis vor Steuern die Steuer vom Einkommen und Ertrag abgezogen werden. Das Ergebnis ist jedoch nur vorläufig, da in der Regel noch Korrekturen beim Jahresabschluss vorgenommen werden müssen. Aus diesem Grund stimmt das vorläufige Ergebnis nicht mit dem endgültigen Ergebnis überein.

! Bei der Abweichung zwischen dem vorläufigen Ergebnis und dem endgültigen Jahresabschluss kommt es vor allem auf die exakte Ermittlung des Wareneinsatzes während des Geschäftsjahres an. Außerdem kommt es dann zu größeren Abweichungen, wenn Jahresabschlussbuchungen wie beispielsweise Abschreibungen und aktive sowie passive Rechnungsabgrenzungsposten erst am Jahresende berücksichtigt werden.

Sofern die Jahresabschlussbuchungen bereits während des Geschäftsjahres monatsanteilig erfasst wurden, können größere Abweichungen zwischen dem vorläufigen Ergebnis und dem tatsächlichen Jahresabschluss vermieden werden.

Auf den Punkt gebracht

Die kurzfristige Erfolgsrechnung ist die wichtigste BWA für den Unternehmer. Die BWA kann individuell an die Informationsbedürfnisse des Unternehmens angepasst werden, da sie keinen gesetzlichen Vorschriften unterliegt. In der BWA werden nicht nur tatsächliche Erträge und Aufwendungen erfasst, sondern möglicherweise auch kalkulatorische Kosten.

Weitere Grundformen der BWA

Bewegungsbilanz

Definition

Die Bewegungsbilanz zeigt im Gegensatz zur kurzfristigen Erfolgsrechnung nicht alle Aufwands- und Ertragskonten, sondern die Veränderungen der einzelnen Bilanzposten sowohl auf der Aktiv- als auch auf der Passivseite.

> **!** Die Bewegungsbilanz liefert Informationen darüber, wohin der Gewinn geflossen ist. So kann der Unternehmer aus der Bewegungsbilanz erkennen, ob der Gewinn beispielsweise in Anlagevermögen investiert oder privat entnommen wurde. Im Falle eines Verlustes zeigt die Bewegungsbilanz, wie dieser finanziert (vgl. S. 30) wurde.

Die Bewegungsbilanz zeigt das Finanzierungsverhalten eines Unternehmens. Sofern das Kapital des Unternehmens durch überhöhte Privatentnahmen aufgezehrt wird, kann dies aus der Bewegungsbilanz herausgelesen werden. Aus diesem Grund kann die Bewegungsbilanz als Instrument zur Beurteilung des Unternehmens herangezogen werden.

Grundschema

Das Grundschema der Bewegungsbilanz sieht wie folgt aus:

Mittelverwendung *(Wo ist das Geld geblieben?)*	**Mittelherkunft** *(Wo kam das Geld her?)*
Erhöhung Aktiva Verringerung Passiva	Verringerung Aktiva Erhöhung Passiva

In der Bilanz werden auf der Aktiv- sowie auf der Passivseite jeweils die Buchwerte des Vermögens, der Schulden und des Eigenkapitals dargestellt. In der Bewegungsbilanz hingegen werden die Veränderungen der Aktiv- und Passivseite aufgezeigt.

Die Bewegungsbilanz zeigt die Veränderungen der aktuellen Zahlen zum Ende des Betrachtungszeitraums sowie der Zahlen zum Ende des vorherigen Betrachtungszeitraumes. Das folgende Beispiel veranschaulicht dies.

Zeitraum der Bewegungsbilanz

Betrachtungszeitraum	**Geschäftsjahr**	**Quartal**
Beschreibung	jährlicher Vergleich der Veränderungen der Posten der Aktiv- und Passivseite	quartalsweiser Vergleich der Veränderungen der Posten der Aktiv- und Passivseite
Beispiel	Differenz der Zahlen per 31.12.2018 mit den Zahlen per 31.12.2017	Differenz der Zahlen per 31.03.2019 mit den Zahlen per 31.12.2018

!

Die Mittelverwendung zeigt, wohin die Mittel geflossen sind. Dies kann beispielsweise der Kauf einer Maschine (Erhöhung der Aktiva) oder aber die Tilgung eines Darlehens (Verringerung der Passiva) sein.

Die Mittelherkunft gibt Auskunft darüber, woher die Mittel stammen. Dies kann zum Beispiel die Abnahme von Forderungen (Verringerung der Aktiva) oder die Aufnahme eines Darlehens (Erhöhung der Passiva) sein.

Mittelherkunft entspricht Mittelverwendung

Wie auch in der Bilanz entspricht in der Bewegungsbilanz die Summe der Mittelverwendung immer der Summe der Mittelherkunft. Dies liegt daran, dass ein Geschäftsvorfall immer mindestens zwei Buchungskonten beeinflusst. Das folgende Beispiel verdeutlicht dies.

Beispiel: Mittelherkunft entspricht Mittelverwendung

Die Wohlfühl GmbH kauft eine Maschine für 100.000 EUR gegen Rechnung. Durch diesen Geschäftsvorfall ergeben sich die folgenden Auswirkungen auf die Bewegungsbilanz:

Mittelverwendung	Mittelherkunft
Durch den Kauf der Maschine erhöht sich das Anlagevermögen (Sachanlagen) und damit die Aktivseite in der Bilanz um 100.000 EUR.	Aufgrund des Kaufs auf Rechnung steigen die Verbindlichkeiten aus Lieferungen und Leistungen um 100.000 EUR. Dadurch erhöht sich die Passivseite in der Bilanz.
+ 100.000 EUR	+ 100.000 EUR

Praxisbeispiel Bewegungsbilanz

Die Bewegungsbilanz ist in folgende Spalten aufgeteilt:

1 In dieser Spalte werden die einzelnen Positionen der Aktiv- und Passivseite aufgelistet. Im Gegensatz zur Bilanz steht unten nicht die Bilanzsumme, sondern die Summe der Mittelverwendung und die Summe der Mittelherkunft. Die Gliederung der Posten richtet sich nach dem Aufbau der Bilanz.

2 In dieser Spalte wird die Mittelverwendung aufgezeigt. Hier wird die Erhöhung des Vermögens sowie die Verringerung der Schulden detailliert dargestellt. Auch Privatentnahmen (*4*) werden aufgezeigt. Neben der Darstellung der absoluten Zahlen zeigt die rechte Spalte den Prozentsatz der einzelnen Positionen bezogen auf die Summe der Mittelverwendung.

	Bewegungsbilanz März 2019					
	1		**Mittelverwendung** *2*		**Mittelherkunft** *3*	
	Bezeichnung		Erhöhung Aktiva/ Verringerung Passiva	Prozent	Erhöhung Passiva/ Verringerung Aktiva	Prozent
	Anlagevermögen	AKTIVA				
4	Immaterielle Vermögensgegenstände					
5	Sachanlagen				8.000	8,5
6	Finanzanlagen					
	Umlaufvermögen					
7	Unfertige/fertige Erzeugnisse		+ 2.000	2,1	–	
8	RHB-Stoffe, Waren		12.000	12,8		
9	Kasse, Bank				3.000	3,2
10	Forderungen aus Lieferungen und Leistungen		11.000	11,7		
11	Sonstige Vermögensgegenstände		2.000	2,1		
12	Verbindlichkeiten aus Lieferungen und Leistungen	PASSIVA			15.000	16,0
13	Sonstige Verbindlichkeiten				24.000	25,5
14	Kredite		15.000	16,0		
15	Vorsteuer, Umsatzsteuer					
16	Wertberichtigungen, Rückstellungen, Rechnungsabgrenzungsposten		+		– 9.000	9,6
17	Einlagen stiller Gesellschafter					
18	Kapital					
19	Privat		52.000	55,3		
20	Rücklagen					
21	Vorläufiger Gewinn/Verlust				35.000	37,2
	Summe Mittelverwendung		94.000	100		
	Summe Mittelherkunft				94.000	100

Interpretation der Mittelverwendung

- *Im Vergleich zum vorherigen Quartal haben sich die RHB-Stoffe sowie Waren um 12.000 EUR erhöht. Dies entspricht 12,8 Prozent der gesamten Mittelverwendung im betrachteten Zeitraum.*
- *Außerdem haben sich die Forderungen um 11.000 EUR erhöht, was 11,7 Prozent der Mittelverwendung betrifft.*
- *Die Summe der laufenden Kredite haben sich aufgrund einer Darlehenstilgung um 15.000 EUR verringert.*
- *Im betrachteten Zeitraum wurden 52.000 EUR vom Unternehmer privat entnommen.*

3 Die Mittelherkunft wird in diesen beiden Spalten verdeutlicht, etwa durch die Verringerung der Vermögenswerte bzw. die Erhöhung der Schulden. Privateinlagen (*19*) des Unternehmers werden ebenfalls dargestellt. In der Spalte neben den absoluten Zahlen befindet sich auch wiederum der Prozentsatz der einzelnen Positionen bezogen auf die Summe der Mittelherkunft.

Interpretation der Mittelherkunft

- *Die Sachanlagen in der Bewegungsbilanz haben sich beispielsweise durch den Verkauf von Sachanlagevermögen um 8.000 EUR verringert. Dies entspricht 8,5 Prozent der Mittelherkunft im betrachteten Quartal.*
- *Durch die Begleichung von Rechnungen haben Kasse und Bank um 3.000 EUR abgenommen im betrachteten Quartal.*
- *Die Verbindlichkeiten aus Lieferungen und Leistungen haben sich u. a. aufgrund des Kaufs von RHB-Stoffen und Waren um 15.000 EUR erhöht.*

Im Folgenden werden die einzelnen Aktiv- und Passivposten erläutert:

4 Zu den immateriellen Vermögensgegenständen zählen alle Vermögensgegenstände, die keine physische Substanz haben und nicht zu den Finanzanlagen zählen.

Beispiele immaterielle Vermögensgegenstände

- *Lizenzen*
- *Rechte*
- *Geschäfts- oder Firmenwert*
- *Markennamen*
- *Domain*
- *Homepage*

	Mittelverwendung	Mittelherkunft
Beispiel	Kauf einer Lizenz	Verkauf einer Lizenz

5 Sachanlagevermögen haben im Gegensatz zu immateriellen Vermögensgegenständen eine physische Substanz.

Beispiele Sachanlagen

- *Maschinen und technische Anlagen*
- *Grundstücke*
- *Gebäude*
- *Betriebs- und Geschäftsausstattung*

	Mittelverwendung	Mittelherkunft
Beispiel	Kauf einer Maschine	Verkauf einer Maschine

6 Finanzanlagen sind ebenso wie immaterielle Vermögensgegenstände und Sachanlagen Bestandteil des Anlagevermögens, da sie langfristig im Unternehmen verbleiben. Sie grenzen sich dadurch von Wertpapieren im Umlaufvermögen ab.

Beispiele Finanzanlagen

- *Beteiligungen an anderen Unternehmen*
- *Anteile an Tochtergesellschaften*
- *Wertpapiere des Anlagevermögens*

	Mittelverwendung	Mittelherkunft
Beispiel	Kauf von Wertpapieren zur langfristigen Geldanlage	Verkauf von Wertpapieren des Anlagevermögens

7 Bei produzierenden Unternehmen werden noch nicht fertige Arbeiten unten den unfertigen Erzeugnissen erfasst. Fertige Erzeugnisse sind noch im Lager, bis sie verkauft werden.

Beispiel (Un-)fertige Erzeugnisse

	Mittelverwendung	Mittelherkunft
Beispiel	Bestandserhöhung der fertigen Erzeugnisse	Bestandsverringerung der unfertigen Erzeugnisse

8 Unter RHB-Stoffen werden eingekaufte Materialien für die Produktion erfasst. Waren sind gekaufte Erzeugnisse, die ohne weitere Verarbeitung direkt an den Kunden veräußert werden.

Beispiel RHB-Stoffe und Waren

	Mittelverwendung	Mittelherkunft
Beispiel	Kauf von Rohstoffen	Verbrauch von Rohstoffen

9 Zur Kasse zählen das Bargeld des Unternehmens, unter Bank werden die Bewegungen auf Bankkonten erfasst.

Beispiel Kasse und Bank

	Mittelverwendung	Mittelherkunft
Beispiel	Gutschrift auf dem Bankkonto, da Kunde eine Rechnung beglichen hat	Lastschrift auf dem Bankkonto, da eine Lieferantenrechnung beglichen wurde

10 Forderungen aus Lieferungen und Leistungen sind offene Rechnungen gegenüber Kunden.

Beispiel Forderungen aus Lieferungen und Leistungen

	Mittelverwendung	Mittelherkunft
Beispiel	Verkauf von Waren gegen Rechnung, Kunde hat die Rechnung noch nicht beglichen	Kunde begleicht eine offene Rechnung

11 Zu den sonstigen Vermögensgegenständen zählen alle Vermögensgegenstände, die keinem anderen Posten zugeordnet werden können. Es handelt sich hierbei um einen sog. Sammelposten.

Beispiele sonstige Vermögensgegenstände

- *Steuererstattungsansprüche*
- *Schadensersatzansprüche gegenüber einer Versicherung*
- *gezahlte Kautionen*

	Mittelverwendung	Mittelherkunft
Beispiel	Überweisung der Kaution für die gemieteten Büroräume	Vermieter bezahlt Kaution nach Abnahme der Büroräume zurück

12 Verbindlichkeiten aus Lieferungen und Leistungen sind noch nicht beglichene Lieferantenrechnungen.

Beispiel Verbindlichkeiten aus Lieferungen und Leistungen

	Mittelverwendung	Mittelherkunft
Beispiel	Begleichung einer Lieferantenrechnung	Kauf einer Maschine gegen Rechnung

13 Sonstige Verbindlichkeiten sind Verbindlichkeiten, die nicht zu den Verbindlichkeiten aus Lieferungen und Leistungen oder anderen Verbindlichkeiten zählen. Wie auch bei den sonstigen Vermögensgegenständen handelt es sich hier um einen Sammelposten für Verbindlichkeiten.

Beispiele sonstige Verbindlichkeiten

- *noch nicht abgeführte Sozialversicherungsbeiträge*
- *noch nicht bezahlte Umsatzsteuer-Zahllast*

	Mittelverwendung	Mittelherkunft
Beispiel	Überweisung der Umsatzsteuer-Zahllast für das vorherige Quartal	Ermittlung der Umsatzsteuer-Zahllast für das vorherige Quartal (noch keine Überweisung)

14 Unter Krediten werden langfristige Darlehen des Unternehmens erfasst. Nicht zu den Krediten zählt das Überziehen des Girokontos. Dieser Kontokorrentkredit wird durch ein negatives Bankguthaben ausgewiesen.

Beispiel Kredite

	Mittelverwendung	Mittelherkunft
Beispiel	Tilgung eines Darlehens	Aufnahme eines Darlehens

15 Bezahlte Vorsteuer ist eine sog. Forderung gegenüber dem Finanzamt. Bei der Umsatzsteuer (vgl. S. 22) handelt es sich hingegen um Verbindlichkeiten gegenüber dem Finanzamt. Bei der Ermittlung der Umsatzsteuer-Zahllast wird die gezahlte Vorsteuer mit der erhaltenen Umsatzsteuer verrechnet.

Wenn die Umsatzsteuer-Zahllast ermittelt und noch nicht als sonstige Verbindlichkeiten gebucht wurde, taucht der Betrag unter „Vorsteuer, Umsatzsteuer" in der Bewegungsbilanz auf. Ergibt sich ein Umsatzsteuer-Erstattungsanspruch, wird der Betrag auf die „sonstigen Vermögensgegenstände" umgebucht. Sofern dies noch nicht erfolgt ist, steht der Betrag in der Bewegungsbilanz unter „Vorsteuer, Umsatzsteuer".

16 Bei Wertberichtigungen werden Forderungen korrigiert, wenn ein Kunde beispielsweise aufgrund einer Insolvenz seine Rechnung nicht begleichen kann. Zur Werthaltigkeit von Forderungen vgl. S. 56).

Unter Rückstellungen werden ungewisse Verbindlichkeiten erfasst, deren Höhe und/oder Zahlungszeitpunkt noch ungewiss ist, mit deren Zahlung das Unternehmen aber rechnen muss. Zur Definition von Rückstellungen vgl. S. 54.

Beispiel Rückstellungen

	Mittelverwendung	Mittelherkunft
Beispiel	Auflösung der Rückstellungen, da der Grund für die Bildung entfallen ist	Bildung von Rückstellungen

Die Rechnungsabgrenzung dient der Zurechnung der Aufwendungen und Erträge zum Geschäftsjahr, in dem sie wirtschaftlich verursacht wurden. Der Zeitpunkt der Zahlung ist dabei nicht entscheidend.

! Unternehmen, die ihren Gewinn mit Hilfe der Einnahmen-Überschuss-Rechnung erstellen, betrifft das Thema Rechnungsabgrenzung nicht. Für sie ist es entscheidend, in welchem Geschäftsjahr die Zahlung erfolgt.

17 Ein stiller Gesellschafter ist ein Geldgeber des Unternehmens, ohne dass er nach außen in Erscheinung tritt und somit für Außenstehende in der Regel auch nicht erkennbar ist. Die Einlagen des stillen Gesellschafters werden separat dargestellt.

Beispiel Kapital

	Mittelverwendung	Mittelherkunft
Beispiel	Verringerung der Einlage des stillen Gesellschafters	Erhöhung der Einlage des stillen Gesellschafters

18 Zum Kapital zählen die Einlagen des Unternehmers bzw. der Anteilseigner. Die Bezeichnung des Kapitals in der Bilanz hängt von der Rechtsform des Unternehmens ab. Die Möglichkeit der Erhöhung bzw. Verringerung des Kapitals hängt ebenfalls von der Rechtsform des Unternehmens ab.

Beispiel Kapital

	Mittelverwendung	Mittelherkunft
Beispiel	Verringerung des Kapitals	Erhöhung des Kapitals

19 Bei Privatentnahmen taucht der entnommene Betrag in der Spalte der Mittelverwendung auf. Sofern Privateinlagen getätigt werden, zeigt sich die Höhe in der Spalte der Mittelherkunft.

Privatentnahme: In der vorliegenden Bewegungsbilanz wurden 52.000 EUR vom Unternehmer für private Zwecke entnommen. Die Privatentnahme ist in diesem Fall höher als der Gewinn des Unternehmens im betrachteten Zeitraum.

	Mittelverwendung	Mittelherkunft
Beispiel	Privatentnahmen	Privateinlagen

20 Rücklagen zählen im Gegensatz zu den Rückstellungen zum Eigenkapital. Sie sind Reserven des Unternehmens. Umgangssprachlich werden sie auch als „Polster für schlechte Zeiten" bezeichnet. Sie grenzen sich von anderen Bestandteilen des Eigenkapitals ab und werden beispielsweise aus erzielten Gewinnen gebildet.

Beispiel Rücklagen

	Mittelverwendung	Mittelherkunft
Beispiel	Auflösung bzw. Verringerung der Rücklagen (eher selten, da nur unter bestimmten Voraussetzungen möglich)	Einstellung von Gewinnen in die Rücklagen

21 Diese Zeile gibt Auskunft über den vorläufigen Gewinn bzw. Verlust des Unternehmens. Bei der Interpretation dieses Ergebnisses muss – genauso wie bei der kurzfristigen Erfolgsrechnung – berücksichtigt werden, dass dies vom tatsächlichen Ergebnis abweichen kann.

> **!** Auch wenn die Bewegungsbilanz nicht den Stellenwert wie die kurzfristige Erfolgsrechnung hat, kann sie wichtige Informationen über die Verwendung des Gewinns bzw. die Finanzierung des Verlustes liefern.
>
> Da sie jedoch nur die Veränderungen der Aktiv- und Passivposten aufzeigt, ist die Bewegungsbilanz in Bezug auf die Liquidität nur begrenzt aussagekräftig. Für Aussagen bezüglich der Ertragssituation hingegen liefert die kurzfristige Erfolgsrechnung detailliertere Informationen als die Bewegungsbilanz.

Statische Liquidität

Definition

Die statische Liquidität gibt Auskunft über die Liquidität des Unternehmens. Sie zeigt nicht nur die Zahlungsfähigkeit, sondern auch die Entwicklung der Liquidität. Um eine drohende Zahlungsunfähigkeit rechtzeitig zu erkennen und ihr entgegensteuern zu können, sollten Unternehmen immer einen Überblick über ihre derzeitige Liquiditätslage haben.

Zahlungsfähigkeit: Von Zahlungsfähigkeit spricht man, wenn ein Unternehmen in der Lage ist, seinen Zahlungsverpflichtungen nachzukommen. Falls dies nicht möglich ist, spricht man von (drohender) Zahlungsunfähigkeit.

Die vorhandenen Mittel werden bei der statischen Liquidität zeitpunktbezogen den Verbindlichkeiten gegenübergestellt. Daher handelt es sich lediglich um eine Momentaufnahme der Liquiditätslage eines Unternehmens und nicht um eine Prognose für die Zukunft.

> **!** Es handelt sich bei der ausgewiesenen Liquidität lediglich um eine sog. statische Liquidität. Dies liegt daran, da bei der Darstellung keine Fälligkeiten bei den Forderungen und Verbindlichkeiten unterschieden werden.
>
> Die Fälligkeiten der Forderungen finden sich in der sog. „OP-Liste Debitoren", die Fälligkeit der Verbindlichkeiten in der sog. „OP-Liste Kreditoren" (vgl. S. 115).

Praxisbeispiel statische Liquidität

Die statische Liquidität ist in zwei Teile gegliedert (*2* und *3*):

- Teil 1 (*2*): In diesem Teil wird die aktuelle Liquidität des Unternehmens dargestellt.
- Teil 2 (*3*): Die rechten Spalten der statischen Liquidität zeigen die Zahlen der letzten BWA, um einen Vergleich der Entwicklung der Liquidität des Unternehmens zu ermöglichen.

Statische Liquidität März 2019								
	Zum März 2019 *2*				Zum Februar 2019 *3*			
Bezeichnung *1*	**Mittel** *4*	**Verbindlichkeiten** *5*	Über-/Unterdeckung *6*	**D. Grad** *7*	**Mittel**	**Verbindlichkeiten**	Über-/Unterdeckung	**D. Grad**
Kasse	500				100			
Postbank	1.100				1.100			
Bank		20.000			15.500	34.000		
Barliquidität *8*	**1.600**	**20.000**	*– 18.400*	**0,08**	**16.700**	**34.000**	*– 17.300*	**0,49**
Wertpapiere								
Forderungen aus Lieferungen und Leistungen	70.000				60.000			
Sonstige Vermögensgegenstände	21.000				18.000			
VSt/USt-Saldo		3.600				5.000		
Verbindlichkeiten aus Lieferungen und Leistungen		60.000				41.200		
Wechselverbindlichkeiten								
Sonstige Verbindlichkeiten		23.600				15.500		
Liquidität 2. Grades	**92.600**	107.200	*– 14.600*	0,86	94.700	95.700	*– 1.000*	0,99

In der ersten Spalte (*1*) werden alle Konten aufgelistet, die die Liquidität des Unternehmens beeinflussen.

4 In der Spalte „Mittel" werden die vorhandenen liquiden Mittel sowie die Beträge ausgewiesen, die dem Unternehmen demnächst zufließen werden.

> ***Interpretation „Mittel"***
>
> - *Das Unternehmen hat 500 EUR in der Kasse.*
> - *Das Bankguthaben bei der Postbank beträgt 1.100 EUR Ende März 2019.*
> - *Aktuell bestehen Forderungen aus Lieferungen und Leistungen gegenüber Kunden in Höhe von 70.000 EUR.*
> - *Zudem kann das Unternehmen aufgrund der derzeit bestehenden sonstigen Vermögensgegenständen mit einer Zunahme der liquiden Mittel in Höhe von 21.000 EUR rechnen.*
> - *Die Summe der Mittel im Unternehmen beträgt 92.600 EUR.*

Barliquidität: *Die Barliquidität (**8**) der Mittel ergibt sich, in dem der Kassenbestand sowie die Kontostände der Postbank und der Bank zusammengerechnet werden.*

5 In der Spalte „Verbindlichkeiten" werden die Schulden des Unternehmens erfasst. Dazu zählen neben Bankschulden, die Umsatzsteuer-Zahllast, Verbindlichkeiten aus Lieferungen und Leistungen, Wechselverbindlichkeiten sowie sonstige Verbindlichkeiten.

! Bei der Vorsteuer und Umsatzsteuer wird lediglich der entsprechende Saldo ausgewiesen. Sofern die erhaltene Umsatzsteuer größer ist als die bezahlte Vorsteuer, wird die daraus entstehende Umsatzsteuer-Zahllast als Verbindlichkeit ausgewiesen. Sofern die Vorsteuer höher ist als die Umsatzsteuer, wird der daraus resultierende Umsatzsteuer-Erstattungsanspruch als Mittel in der Zeile „VSt/USt-Saldo" dargestellt.

***Wechselverbindlichkeiten**: Wechselverbindlichkeiten entstehen dann, wenn ein Unternehmen zur Begleichung einer Zahlungsverpflichtung einen Wechsel ausstellt. Ein Wechsel ist ein Papier, auf dem zwei Parteien ein Zahlungsversprechen zu einem bestimmten Zeitpunkt vereinbaren.*

Interpretation „Verbindlichkeiten"

- *Die Bankschulden des Kontokorrentkredites belaufen sich auf 20.000 EUR.*
- *Die Umsatzsteuer-Zahllast beträgt 3.600 EUR im März.*
- *Die derzeitigen Verbindlichkeiten aus Lieferungen und Leistungen betragen 60.000 EUR.*
- *Ferner hat das Unternehmen sonstige Verbindlichkeiten in Höhe von 23.600 EUR.*
- *Die Summe der Schulden beträgt 107.200 EUR.*

6 In der Spalte „Über-/Unterdeckung" wird die Differenz aus der Summe der Mittel und der Summe der Verbindlichkeiten berechnet. Es gilt:

Überdeckung	**Unterdeckung**
Mittel > Verbindlichkeiten	Mittel < Verbindlichkeiten

Die Über- bzw. Unterdeckung wird für die Barliquidität sowie die Liquidität 2. Grades berechnet.

! Eine Unterdeckung wird mit einem Minuszeichen gekennzeichnet.

Bei einer Überdeckung sollte geprüft werden, ob liquide Mittel des Unternehmens anderweitig genutzt werden können. Wichtig ist dabei allerdings, dass diese liquiden Mittel nicht zum Ausgleich von Verbindlichkeiten benötigt werden. Möglicherweise können die Mittel eingesetzt werden, um Investitionen ins Anlagevermögen zu finanzieren. Auch Investitionen in Innovationen zur Sicherung des langfristigen Erfolges des Unternehmens sind denkbar.

Sofern eine Unterdeckung vorliegt, sollte überlegt werden, wie der Liquiditätsengpass bekämpft werden kann. Dies kann möglicherweise an einem zu hohen Anteil an monatlichen Fixkosten des Unternehmens liegen, die bei einer geringeren Auslastung die Liquidität belasten. In einigen Fällen kann auch eine Umschuldung von kurzfristigen Verbindlichkeiten in ein langfristiges Darlehen die Situation vorübergehend verbessern. Bei einer größeren Unterdeckung muss möglicherweise weiteres Eigenkapital von außen ins Unternehmen eingebracht werden.

Interpretation „Über-/Unterdeckung"

- *Die liquiden Mittel reichen nicht aus, um den Kontokorrentkredit zu begleichen. Die Unterdeckung beträgt 18.400 EUR. Daher sollte das Unternehmen überlegen, wie dieser Liquiditätsengpass kurz- bis mittelfristig beseitigt werden kann.*
- *Auch unter Berücksichtigung der weiteren Konten mit Forderungs- und Verbindlichkeitscharakter liegt eine Unterdeckung vor, die 14.600 EUR beträgt.*

Da die statische Liquidität immer die Vergleichszahlen der letzten BWA beinhaltet, ermöglicht dies die Analyse der Entwicklung der Liquiditätslage des Unternehmens.

Interpretation Vergleich März und Februar 2019

- *Ein Teil des Kontokorrentkredites bei der Bank wurden im März zwar beglichen. Allerdings ist der Kontostand von 15.500 EUR auf 0 EUR gesunken.*
- *Im März sind die Verbindlichkeiten aus Lieferungen und Leistungen um 21.200 EUR geringer als im Vormonat, allerdings sind die sonstigen Verbindlichkeiten im gleichen Zeitraum um 8.100 EUR gestiegen.*
- *Trotz der Begleichung einiger Schulden sind die gesamten Verbindlichkeiten im März um 11.500 EUR im Vergleich zum Vormonat gestiegen.*
- *Das Unternehmen sollte prüfen, inwieweit eine Beseitigung des Liquiditätsengpasses (März) möglich ist. Die*

Inanspruchnahme eines Kontokorrentkredites durch das Überziehen des Girokontos sorgt für höhere Zinsaufwendungen als die Aufnahme eines Bankdarlehens.

- *Um künftige Zahlungsengpässe zu vermeiden, sollte das Unternehmen eine Liquiditätsplanung erstellen. So kann einem vorhersehbaren Liquiditätsengpass rechtzeitig entgegengesteuert werden.*

7 In der Spalte „D. Grad" werden die sog. Liquiditätsgrade ermittelt. Die folgende Übersicht zeigt die Berechnung der drei Liquiditätsgrade:

	Formel	Zielgröße
Barliquidität (= Liquidität 1. Grades)	$\frac{\text{liquide Mittel}}{\text{Bankverbindlichkeiten}}$	5–10 % (BWA: 0,05–0,1)
Liquidität 2. Grades	$\frac{\text{liquide Mittel + kurzfristige Forderungen}}{\text{kurzfristige Verbindlichkeiten}}$	100–120 % (BWA: 1–1,2)
Liquidität 3. Grades	$\frac{\text{liquide Mittel + kurzfristige Forderungen + Vorräte}}{\text{kurzfristige Verbindlichkeiten}}$	120–150 % (BWA: 1,2–1,5)

> **!** In der Bilanzanalyse werden die Liquiditätsgrade in Prozent angegeben. Bei der statischen Liquidität geben die meisten Buchhaltungsprogramme jedoch die Dezimalzahlen aus, da lediglich die Mittel durch die Verbindlichkeiten geteilt werden.
>
> Bei einem Liquiditätsgrad von 1,0 werden die Verbindlichkeiten genau durch die liquiden Mittel sowie die Forderungen gedeckt.

Die Liquidität 1. Grades sollte die Zielgröße von 5-10 % nicht überschreiten. Zahlungszuflüsse sollten schnellstmöglich eingesetzt werden, um kurzfristige Verbindlichkeiten zu begleichen. Durch eine zeitnahe Begleichung offener Lieferantenrechnungen können gewährte Preisnachlässe (Skonto) in Anspruch genommen werden.

Sofern die Liquidität 1. Grades bei über 100 % liegt, können mit den liquiden Mitteln die kurzfristigen Verbindlichkeiten beglichen werden. Dies bezieht sich jedoch nur auf den Stichtag der Betrachtung. Dies ist eine sehr hohe Zahlungsfähigkeit und wirkt sich negativ auf die Rentabilität des Unternehmens aus.

Der wichtigste Liquiditätsgrad ist die Liquidität 2. Grades, da er am aussagekräftigsten ist: Er berücksichtigt nicht nur die vorhandenen liquiden Mittel, sondern auch alle kurzfristigen Forderungen und Verbindlichkeiten des Unternehmens.

Liegt die Liquidität 2. Grades deutlich unter der Zielvorgabe von 100–120 %, kann dies auf Probleme in der Wertschöpfung, eine Fehlkalkulation der Produkte oder eine zu hohe Lagerhaltung von Fertigerzeugnissen hindeuten.

> **!** Die Liquidität 3. Grades wird in der Buchhaltungssoftware in der Regel nur dann berechnet, sofern der Wareneinsatz genau ermittelt wurde. Dies ist nur dann der Fall, wenn die entsprechenden Umbuchungen vorgenommen wurden.
>
> Die Liquidität 3. Grades hat nicht die Aussagekraft wie die anderen beiden. Dies liegt daran, dass hier auch Bestände berücksichtigt werden. Diese Vorräte können möglicherweise nicht schnell in Geld umgewandelt werden, sodass dies die Aussagekraft der Liquidität 3. Grades einschränkt.

Da die Liquiditätsgrade sich auf einen bestimmten Zeitpunkt beziehen, ist ihre Aussagekraft in Bezug auf die Zahlungsfähigkeit des Unternehmens in der Zukunft eingeschränkt. Zahlen, die sich im Zeitverlauf ändern, werden bei der Berechnung nicht berücksichtigt. Sie sind immer vergangenheitsbezogen. Daher sollten Unternehmen auch eine Liquiditätsplanung erstellen, bei der der Zeitpunkt der Zahlungen in der Zukunft berücksichtigt wird.

Interpretation „Liquiditätsgrade"

	März 2019	Februar 2019
Liquidität 1. Grades	0,08 (8 %)	0,49 (49 %)
Liquidität 2. Grades	0,86 (86 %)	0,99 (99 %)

Liquidität 1. Grades

- *Im März befindet sich die Kennzahl innerhalb der vorgegebenen Zielgröße (5–10 %).*
- *Im Februar hat der Liquiditätsgrad das Ziel deutlich überschritten. Die vorhandenen liquiden Mittel wurden genutzt, um den Kontokorrentkredit zurückzuzahlen und damit höhere Zinszahlungen zu vermeiden.*

Liquidität 2. Grades

- *Im März ist dieser Liquiditätsgrad zu niedrig im Vergleich zur Zielgröße. Diese große Abweichung kann auf Probleme des Unternehmens hinweisen und sollte daher genauer analysiert werden.*
- *Im Februar liegt die Kennzahl mit 99 % fast im Bereich der Zielgröße (100–120 %).*

Auf den Punkt gebracht

Die Bewegungsbilanz zeigt die Veränderungen der Aktiv- und Passivposten seit der letzten BWA aufgegliedert in Mittelverwendung und Mittelherkunft.

Die statische Liquidität zeigt die aktuelle Liquiditätslage eines Unternehmens im Vergleich zur vorherigen BWA und gibt damit Auskunft über die Zahlungsfähigkeit eines Unternehmens.

Vergleichende BWAs

Vorjahresvergleich

Das Beispiel für einen Vorjahresvergleich finden Sie auf der vorderen Buchklappe innen. Die Buchstaben in Klammern beziehen sich auf die Spalten in der Exceltabelle.

Der Vorjahresvergleich gibt dem Unternehmen wichtige Hinweise auf Abweichungen einzelner Positionen der BWA im Vergleich zum Vorjahr. Der Vorjahresvergleich ermöglicht einen Vergleich der aktuellen Werte mit den Vorjahreswerten, um so Veränderungen und Entwicklungen des Unternehmens bereits während des Geschäftsjahres erkennen zu können.

Beim Vorjahresvergleich werden die Werte des aktuellen Monats (a) mit dem Vorjahresmonat (b) verglichen. Es werden nicht nur die absoluten Unterschiede (c), sondern auch die prozentualen Veränderungen (d) dargestellt.

Zudem werden die aufgelaufenen Werte des aktuellen Geschäftsjahres (e) mit den aufgelaufenen Werten des Vorjahres (f) sowohl absolut (g) als auch prozentual (h) verglichen.

! Ein Vergleich der aktuellen Zahlen mit denen des Vorjahres ist nur dann möglich, wenn das Buchungsverhalten sich in diesen beiden Jahren nicht verändert hat.

Der Monatsvergleich ist eingeschränkt, wenn das Unternehmen saisonalen Schwankungen unterliegt, die beispielsweise die Umsatzerlöse beeinflussen. Dies ist z. B. der Fall, wenn diese von den Schulferien abhängen. Folglich eignet sich der Vergleich der aufgelaufenen Monate des Geschäftsjahres eher für einen Vergleich mit den Vorjahreswerten.

Interpretation der Tabelle „Vorjahresvergleich" in der vorderen Buchklappe

- *Die Umsatzerlöse sind im Dezember 2018 um 19,1 % höher als im Dezember 2017.*
- *Die Umsatzerlöse von Januar bis Dezember des aktuellen Jahres sind um 38 % höher als die Umsatzerlöse im Vorjahreszeitraum.*
- *Der Wareneinsatz ist im Vergleich zum Vorjahrszeitraum um 163 % gestiegen.*
- *Die Raumkosten haben sich im aktuellen Betrachtungszeitraum um 16,9 % verringert im Vergleich zum Vorjahreszeitraum.*
- *Das Betriebsergebnis im Dezember des aktuellen Jahres ist im Vergleich zum Vorjahresmonat um 62,5 % gestiegen.*

Soll-Ist-Vergleich

Ein Soll-Ist-Vergleich ist nur dann möglich, wenn das Unternehmen eine Planungsrechnung durchgeführt hat. Bei der Aufstellung der Planungsrechnung können die durchschnittlichen Werte der Vorjahre oder selbst festgelegte Planzahlen herangezogen werden.

Die Soll-Werte werden in der BWA als Planzahlen bezeichnet. Die Ist-Werte sind die tatsächlichen Zahlen des Unternehmens. Der Vergleich der Soll- und Ist-Werte zeigt die Abweichungen sowohl absolut als auch prozentual auf. Diese Abweichungen sollten für das Controlling des Unternehmens genutzt werden, um daraus Rückschlüsse für künftige Planungen ziehen zu können.

Ein Vergleich der Planzahlen mit den tatsächlichen Zahlen kann aussagekräftiger sein als der Vorjahresvergleich, da sich dieser immer auf die Vergangenheit bezieht. Die Planzahlen hingegen beziehen sich auf die gegenwärtige Situation des Unternehmens.

Wie auch beim Vorjahresvergleich werden nicht nur die absoluten, sondern auch die relativen Werte verglichen. Voraussetzung für einen aussagekräftigen Vergleich der Plan- mit den Ist-Zahlen ist jedoch eine realistische Aufstellung der Planungsrechnung. Andernfalls liefert auch der Soll-Ist-Vergleich nicht die gewünschten Ergebnisse.

Branchenvergleich

Beim Branchenvergleich werden die Zahlen des eigenen Unternehmens mit dem Branchendurchschnitt verglichen. Es können sowohl absolute Zahlen als auch Kennzahlen (relative Zahlen) des eigenen Unternehmens mit denen der Branche verglichen werden, um zu sehen wie erfolgreich das eigene Unternehmen im Vergleich zur Branche ist.

Oftmals besteht in der Praxis allerdings die Schwierigkeit, an derartige Vergleichszahlen zu gelangen. Branchenverbände können hier teilweise helfen.

Der Softwareanbieter DATEV bietet auf Basis eigener Daten Branchenauswertungen an. Die anonymisierten Daten werden anhand eines Branchenschlüsselverzeichnisses den einzelnen Branchen zugeordnet und ermöglichen damit den Vergleich des eigenen Unternehmens mit dem Branchendurchschnitt.

> **!** Steuerberater arbeiten in der Regel mit DATEV. Daher können sie für ihre Mandanten auf Wunsch die Branchenauswertungen der BWA ausgeben.

Die Vergleichbarkeit mit Unternehmen der gleichen Branche ist jedoch nur eingeschränkt möglich, da die Branchenwerte vom Buchungsverhalten sowie den tatsächlichen Gegebenheiten der Unternehmen abhängen. Ein verzerrter Vergleich entsteht beispielsweise in folgenden Situationen:

Beispiele: Einschränkung des Vergleichs des Betriebsergebnisses

- *Das Unternehmen nutzt private Räumlichkeiten für das Unternehmen und erfasst daher in der BWA keine Mitaufwendungen.*
- *Im Unternehmen arbeiten Familienmitglieder mit, ohne dass diese dafür einen Gehalt beziehen. In der BWA werden daher keine Personalaufwendungen erfasst.*

Auf den Punkt gebracht

Um die Entwicklung des Unternehmens während des Geschäftsjahres beurteilen zu können, können Vergleichs-BWAs herangezogen werden. Der Vorjahresvergleich zeigt die aktuellen Zahlen auf und stellt diese dem Vorjahreszeitraum gegenüber, um so die absoluten als auch die relativen Veränderungen darzustellen. Bei der Aufstellung einer Planungsrechnung können im Soll-Ist-Vergleich die Abweichungen der tatsächlichen Zahlen von den Plan-Zahlen analysiert werden. Um die Ertragslage des Unternehmens mit Unternehmen der gleichen Branche vorzunehmen, eignet sich der Branchenvergleich.

Weitere Auswertungen

Kontenblatt

Ein Kontenblatt ist der Auszug aus der Buchhaltung eines Unternehmens. Ein einzelnes Kontenblatt sollte dann betrachtet werden, wenn es detaillierte Fragen zu den einzelnen Buchungen eines bestimmten Buchungskontos gibt.

Das Kontenblatt zeigt alle Buchungen, die bis zur letzten vorgenommenen Buchung sich auf das vorliegende Buchungskonto auswirken.

Der Buchungstext gibt genauere Hinweise, welcher Geschäftsvorfall hinter dem Buchungssatz steht. Das Gegenkonto ist das andere Konto, das in dem vorliegenden Buchungssatz betroffen ist.

Kontenblatt „Konto: 6855 Nebenkosten des Geldverkehrs"

Letzte Buchung		**EB-Wert**	**Saldo alt**	**Jahresverkehrszahlen alt**	
	28.02.			**0 S**	**0 H**
Datum	**Beleg Nr.**	**Buchungstext**	**Gegenkonto**	**Soll**	**Haben**
31.01.	13	Kontoführungsgebühren Januar	1800	30,12	
28.02.	247	Kontoführungsgebühren Februar	1800	25,80	
Summe				**55,92**	**0**
Gebucht bis		EB-Wert	Saldo neu	Jahresverkehrszahlen neu	
	31.12.2018	0 S	55,92	55,92 S	0 H

Buchungsjournal

Im Buchungsjournal werden alle verbuchten Geschäftsvorfälle chronologisch erfasst. Bei allen Geschäftsvorfällen werden neben dem Buchungsdatum, die laufende Belegnummer, der Buchungstext sowie die betroffenen Konten mit dem jeweiligen Betrag festgehalten.

Auszug aus dem Buchungsjournal

Beleg Datum	Beleg Nr.	Buchungstext	Original Buchung	Soll		Haben	
				Konto	Betrag	Konto	Betrag
05.01.18	1	Betriebs-Haftpflichtversicherung 2018	170,80	6401	170,80	3301	170,80
06.01.18	2	Briefmarken	5,00	6800	5,00	3301	5,00
Summe			**175,80**	**175,80**		**175,80**	

Summen- und Saldenlisten

Bei der Summen- und Saldenliste (SuSa) handelt es sich um eine Übersicht aller bebuchten Konten des Unternehmens mit den jeweiligen Summen und Salden. Sie ermöglicht einen kurzen Überblick über alle Kontobewegungen seit Beginn des Geschäftsjahres. So können beispielsweise auf einen Blick die Höhe der derzeitigen Darlehen aus der Summen- und Saldenliste abgelesen werden.

! Auch Unternehmen, die ihren Gewinn mit Hilfe der Einnahmen-Überschuss-Rechnung ermitteln, können die Summen- und Saldenliste als Analysewerkzeug nutzen.

Der Aufbau sowie die Gliederung der Summen- und Saldenliste hängen vom Kontenrahmen ab, der in der Buchhaltung des Unternehmens eingesetzt wird. Die Gliederung der Summen- und Saldenliste erfolgt aufsteigend nach den sog. Kontonummern der einzelnen Buchungskonten.

Kontenrahmen: *Der Kontenrahmen ist ein systematisches Verzeichnis aller Buchungskonten für die Finanzbuchhaltung eines Unternehmens in einem Wirtschaftszweig. Auf Basis des Kontenrahmens erstellt jedes Unternehmen seinen individuellen Kontenplan, der an die Besonderheiten des Unternehmens angepasst wird. Dabei dient der Kontenrahmen als Richtlinie und Empfehlung. Es gibt in der Praxis folgende Standardkontenrahmen (SKR):*

- *SKR 03*
- *SKR 04*
- *Industriekontenrahmen*
- *SKR 51 (Kfz-Händler, Kfz-Werkstätten)*
- *SKR 70 (Hotel und Gaststätten)*
- *SKR 80 (Zahnärzte)*
- *SKR 81 (Arztpraxen)*

Die Standardkontenrahmen wurden von DATEV entwickelt. DATEV ist ein Softwareanbieter, der sich auf Steuerberater spezialisiert hat.

Es wird zwischen folgenden Summen- und Saldenlisten unterschieden:

- Sachkonten
- Debitoren
- Kreditoren

In der Praxis wird vor allem die Summen- und Saldenliste der Sachkonten eingesetzt. Die Summen- und Saldenliste der Sachkonten zeigt verschiedenen Typen von Konten. Dazu zählen die folgenden Konten:

Kontotyp	Erläuterung
Aktive Bestandskonten (Aktivkonten)	Diese Konten bilden zusammen die Aktivseite der Bilanz. Die aktiven Bestandskonten lassen sich in Anlage- und Umlaufvermögen einteilen.
Passive Bestandskonten (Passivkonten)	Diese Konten bilden zusammen die Passivseite der Bilanz. Die passiven Bestandskonten werden in Eigen- und Fremdkapital aufgeteilt.
Erfolgskonten	Die Erfolgskonten werden aufgeteilt in Ertrags- und Aufwandskonten. Aus ihnen wird die Gewinn- und Verlustrechnung erstellt.

Die folgende Abbildung veranschaulicht den Zusammenhang zwischen der Summen- und Saldenliste sowie dem Jahresabschluss.

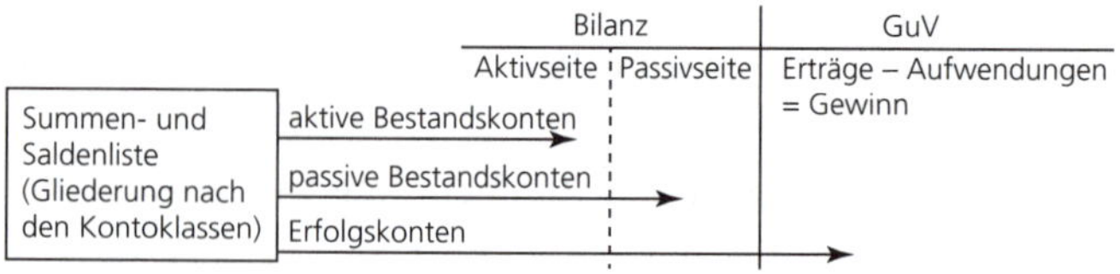

! Die Summen- und Saldenliste gibt auch einen Überblick über die bestehenden Forderungen und Verbindlichkeiten. Für detailliertere Informationen zu den derzeitigen Forderungen und Verbindlichkeiten liefern die sog. Offene-Posten-Listen genauere Angaben.

Interpretation der Summen- und Saldenliste

Summen- und Saldenliste Sachkonten März zum 31.03.2019								
			Monatswerte (4)		Kumulierte Werte (5)			
Kontenklasse (1)	Kontobezeichnung (2)	Eröffnungsbilanzwert (3)	Soll	Haben	Soll	Haben	Saldo (6)	Soll/ Haben (7)
0	Maschinen	40.000	10.000		10.000		50.000	S
4	Umsatzerlöse			20.000		65.000	65.000	H

- *In der Spalte der Kontenklasse (1) wird die jeweilige Kontonummer des entsprechenden Buchungskontos aufgelistet. In der Spalte rechts daneben (2) steht die Kontobezeichnung.*
- *Der Eröffnungsbilanzwert (3) ist der Anfangssaldo eines Kontos zu Beginn des Geschäftsjahres. Nur die aktiven und passiven Bestandskonten haben einen Eröffnungsbilanzwert. Erfolgskonten haben hingegen keinen Eröffnungsbilanzwert. In diesem Fall hat das Unternehmen zu Beginn*

des Geschäftsjahres Maschinen mit einem Buchwert von 40.000 EUR.

- *Bei der vorliegenden Summen- und Saldenliste handelt es sich um die Monatswerte für den März 2019 (4). Sie zeigen die Kontobewegungen im März.*
- *Die kumulierten Werte (5) stellen die Summe der Veränderungen im Soll und Haben für das gesamte Geschäftsjahr bis zum Berichtsmonat, d. h. in diesem Beispiel Januar, Februar und März.*
- *Der Saldo (6) gibt die Summe des jeweiligen Buchungskontos an.*
- *Das Unternehmen kauft im Berichtsmonat März 2019 eine Maschine für 10.000 EUR. In den beiden Monaten davor wurde keine Maschine gekauft.*
- *Die erzielten Umsatzerlöse im März 2019 betrugen 20.000 EUR. In den ersten drei Monaten des Geschäftsjahres hat das Unternehmen insgesamt Umsatzerlöse in Höhe von 65.000 EUR erwirtschaftet.*

! Die Summen- und Saldenlisten dienen als Kontennachweis für die BWA. Banken verlangen daher bei einer Kreditanfrage in der Regel neben der kurzfristigen Erfolgsrechnung auch die Vorlage der Summen- und Saldenlisten des Unternehmens. Sie nutzen diese Listen beispielsweise, um eine differenzierte Liquiditätsberechnung des Unternehmens vorzunehmen.

Auswertung offener Posten

Offene Posten sind noch nicht ausgeglichene Rechnungen. Dabei wird zwischen den folgenden beiden Listen (sog. OP-Listen) unterschieden:

OP-Liste Debitoren	Forderungen gegenüber Kunden, da die Ausgangsrechnungen (Kundenrechnungen) noch nicht beglichen wurden
OP-Liste Kreditoren	Verbindlichkeiten gegenüber Lieferanten, da die Eingangsrechnungen (Lieferantenrechnungen) noch nicht beglichen wurden

Insbesondere wenn bei einem Unternehmen eine Vielzahl an Eingangs- und Ausgangsrechnungen anfallen, können die OP-Listen einen Überblick über bestehende Forderungen bzw. Verbindlichkeiten sowie deren Fälligkeit geben.

In der OP-Liste Debitoren kann das Unternehmen sehen, welche Kunden trotz Fälligkeit die Rechnung noch nicht beglichen haben und so eine Zahlungserinnerung versenden. So können nicht nur Zahlungsverzögerungen vermieden, sondern auch die Liquiditätslage des Unternehmens verbessert werden.

! Die Höhe der offenen Posten hat Auswirkungen auf die Liquidität des Unternehmens. Im schlimmsten Fall kann es zu einem Liquiditätsengpass führen. Daher sollen die offenen Posten nicht nur gepflegt, sondern regelmäßig überwacht und aktualisiert werden. Sie stellen somit einen wichtigen Teil des Forderungsmanagements eines Unternehmens dar.

Wertenachweis

Der Wertenachweis liefert zu jeder Position der kurzfristigen Erfolgsrechnung die Auflistung der entsprechenden Buchungskonten. Auch für den Vorjahresvergleich kann ein Wertenachweis erstellt werden.

> **!** Sofern ein detaillierterer Einblick in das Unternehmen gewünscht wird, sollte der Wertenachweis betrachtet werden. Dies sollte immer dann erfolgen, wenn die vorliegende kurzfristige Erfolgsrechnung oder der Vorjahresvergleich genauer betrachtet werden soll.

In der kurzfristigen Erfolgsrechnung werden beispielsweise die Umsatzerlöse als ein Posten ausgewiesen. Im Wertenachweis werden alle Buchungskonten, die zu den Umsatzerlösen zählen, einzeln aufgelistet mit dem jeweiligen Betrag.

> ***Einsatz des Wertenachweises in der Praxis:*** *Ein Unternehmen betreibt einen Onlineshop, in dem Gewürze, Gewürzmischungen, Fruchtpulver sowie Tees veräußert werden. Die Umsatzerlöse werden auf den folgenden Buchungskonten erfasst:*
>
> *Beispiel:*
>
> - *Erlöse Gewürze*
> - *Erlöse Gewürzmischungen*
> - *Erlöse Fruchtpulver*
> - *Erlöse Tee*

Wenn die Geschäftsleitung des Onlineshops wissen möchte, wie hoch die Umsatzerlöse der Gewürzmischungen sind, kann der Wertenachweis dazu Informationen liefern. In der kurzfristigen Erfolgsrechnung werden die Umsatzerlöse aller Produkte nur als Summe dargestellt, sodass daraus keine Rückschlüsse auf die Verkäufe von Gewürzmischungen geschlossen werden können.

Entwicklungs- und Jahresübersicht

Die Entwicklungsübersicht stellt die Entwicklung der letzten zwölf Monate des Unternehmens auf einer Seite dar. Im Gegensatz zur Jahresübersicht bezieht sich die Entwicklungsübersicht daher nicht auf das Geschäftsjahr des Unternehmens.

Die Jahresübersicht zeigt die Monatszahlen des aktuellen Geschäftsjahres nebeneinander. Im Gegensatz zur Jahresübersicht werden demnach nur die Zahlen des aktuellen Jahres dargestellt.

Den Unterschied der Entwicklungs- und Jahresübersicht zeigt die folgende Grafik. Es wird jeweils davon ausgegangen, dass im März 2019 die Auswertungen erstellt werden.

> **!** Beide Übersichten ermöglichen das Erkennen von Trends, Veränderungen im Zeitablauf sowie saisonalen Schwankungen. Allerdings werden jeweils nur absolute Werte dargestellt. Für eine genauere Analyse der Veränderungen sollten auch die absoluten Veränderungen betrachtet werden. Dies kann mit Hilfe von Kennzahlen erfolgen.

In der Klappe ganz hinten im Buch finden Sie beispielhaft eine Jahresübersicht.

Auf den Punkt gebracht

Neben den Grundformen der BWA sowie den Vergleichs-BWAs gibt es in der Buchhaltung eines Unternehmens weitere Bestandteile und Listen, die Informationen über die Lage des Unternehmens liefern:

- Die Buchungen werden im Buchungsjournal chronologisch dargestellt.
- Ein Kontenblatt stellt die Buchungen eines Kontos genauer dar.
- Die Summen- und Saldenlisten stellen in einer Übersicht die Buchungen auf allen Konten komprimiert dar.
- Die Offene-Posten-Listen zeigen die aktuellen Forderungen und Verbindlichkeiten des Unternehmens auf.

- Der Wertenachweis zeigt die einzelnen Buchungskonten sowie ihre Zuordnung zur kurzfristigen Erfolgsrechnung.
- Sowohl die Entwicklungs- als auch die Jahresübersicht gibt Aufschluss über Veränderungen der einzelnen Positionen der kurzfristigen Erfolgsrechnung im Zeitablauf.

Grafiken

Grafische Darstellungen ermöglichen einen schnellen Überblick über die Lage des Unternehmens. Sie eignen sich insbesondere als Einstieg in die Analyse, um anschließend die konkreten Zahlen zielgerichtet analysieren zu können.

Bei der grafischen Darstellung der Zahlen gibt es sowohl verschiedene Darstellungsarten als auch unterschiedliche Zeiträume. Folgende Darstellungsarten bieten sich bei der grafischen Auswertung an:

- Kreisdiagramm
- Balkendiagramm
- Liniendiagramm

Als Zeiträume kann eine monatliche, vierteljährliche oder jährliche Betrachtung gewählt werden. Die Varianten, die sich in der Praxis bewährt haben, werden im Folgenden näher dargestellt.

Kurzfristige Erfolgsrechnung (Kreisdiagramm)

Das Kreisdiagramm zeigt die Erträge sowie die Aufwendungen jeweils in einem Halbkreis gegenüber. Die Erträge befinden sich im linken Halbkreis, die Aufwendungen im rechten.

Ein positives vorläufiges Ergebnis (Gewinn) befindet sich demnach auf der rechten Seite des Kreises. Die Struktur des Kreisdiagramms sieht in diesem Fall wie folgt aus:

Ein negatives vorläufiges Ergebnis (Verlust) befindet sich demnach auf der linken Seite des Kreises. Die Struktur des Kreisdiagramms sieht in diesem Fall wie folgt aus:

Die dargestellten Beträge können entweder die Werte eines einzelnen Monates oder die Summe der Werte vom Beginn des Wirtschaftsjahres bis zum abgerufenen Monat beinhalten. Neben der Darstellung der absoluten Werte, können auch die prozentualen Anteile angezeigt werden. Als Basis zur Ermittlung der prozentualen Anteile wird die Gesamtleistung herangezogen.

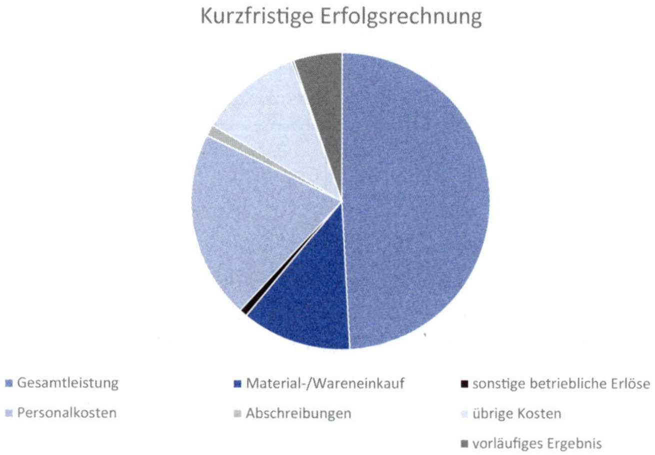

Die neutralen Aufwendungen und neutralen Erträge sind im Beispieldiagramm zu gering, um in der Darstellung abgebildet zu werden.

Interpretation Kurzfristige Erfolgsrechnung

- *Im betrachteten Zeitraum (Mai) weist die BWA ein positives vorläufiges Ergebnis aus.*
- *Die größten Kostenblöcke des Unternehmens sind neben den Personalkosten und den Kosten für Material bzw. Waren die übrigen Kosten.*
- *Zur weiteren Analyse sollte die Zusammensetzung der übrigen Kosten genauer betrachtet werden.*

Vorjahresvergleich (Balkendiagramm)

Ein Vergleich der aktuellen mit den Zahlen des Vorjahres ermöglicht das Balkendiagramm. Hier werden die wichtigsten Größen der BWA mit ihrem Vorjahreswert verglichen:

- Gesamtleistung
- Material-/Wareneinkauf
- Rohertrag
- Gesamtkosten
- Personalkosten
- vorläufiges Ergebnis

Jede dieser Positionen der BWA wird in einem sog. Balkenpaar dargestellt. So wird beispielsweise die Gesamtleistung des aktuellen Monats mit der Gesamtleistung des gleichen Monats des Vorjahres nebeneinander dargestellt.

! Insbesondere bei größeren saisonalen Schwankungen während des Geschäftsjahres kann der Vergleich der jeweils gleichen Monate eines Geschäftsjahres eine genauere Information über die Entwicklung des Unternehmens liefern.

Sofern die saisonalen Schwankungen jedoch beispielsweise jedes Jahr aufgrund anderer Gegebenheiten in unterschiedlichen Zeiträumen (z. B. Schulferien, Feiertage wie Ostern und Pfingsten) erfolgen, muss dies bei der Interpretation berücksichtigt werden.

Interpretation Vorjahresvergleich

- *Die Gesamtleistung im aktuellen Monat (Dezember 2018) sind höher als im Vergleichsmonat (Dezember 2017).*
- *Der Rohertrag ist im aktuellen Monat höher als im Vorjahresvergleich. Allerdings ist der Abstand zwischen den Vergleichswerten des Rohertrags deutlich geringer als der Abstand zwischen den Vergleichswerten der Gesamtleistung.*
- *Die Gesamtkosten im Dezember 2018 sind deutlich geringer als im Dezember des Vorjahres.*
- *Bei den Personalkosten haben sich keine Veränderungen ergeben. Das Unternehmen hat keine Mitarbeiter beschäftigt.*
- *Das vorläufige Ergebnis ist im Vergleich zum Vorjahr deutlich angestiegen.*

Entwicklungsübersicht (Liniendiagramm)

Die Entwicklungsübersicht kann grafisch mit einem sog. Liniendiagramm dargestellt werden. Die grafische Entwicklungsübersicht zeigt die Entwicklung der Gesamtleistung, der Gesamtkosten, der Personalkosten sowie des Material-/Wareneinkaufs während des gesamten Geschäftsjahres bzw. den letzten zwölf Monaten des Unternehmens.

Der Abstand zwischen der Gesamtleistung und den Gesamtkosten zeigt den Gewinn bzw. Verlust des Unternehmens. Dadurch werden beispielsweise saisonale Schwankungen während des Geschäftsjahres auf einen Blick sichtbar, ohne dass die genauen Zahlen verglichen werden müssen. Die Kosten für das Personal sowie das Material bzw. die Waren werden separat dargestellt.

! Entwicklungen und Trends der letzten zwölf Monate können ebenfalls aus der Entwicklungsübersicht abgelesen werden. Dies können beispielsweise eine zunehmende Nachfrage nach den Produkten des Unternehmens sein oder aber auch ein möglicher Abschwung, der zu einer geringeren Nachfrage führt.

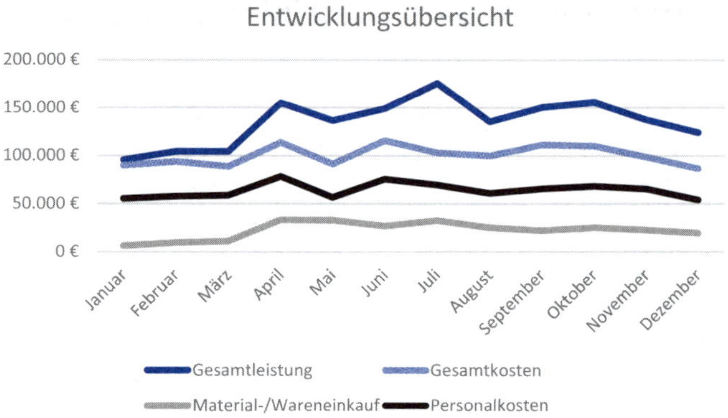

Interpretation Entwicklungsübersicht

- *Die Gesamtleistungen sind im Juli im Vergleich zu den anderen Monaten am höchsten.*
- *Im Januar sind die Gesamtleistungen im Jahresvergleich am geringsten. Da jedoch die Gesamtkosten hier den geringsten Abstand zu den Gesamtleistungen aufweisen, ist der Gewinn im Januar sehr niedrig und sogar nahe bei 0.*
- *Die Personalkosten erreichen im April ihr Maximum, sinken im Mai deutlich nach unten und steigen dann wieder im Juni deutlich an.*
- *Die Kosten für den Material- und Wareneinkauf sind in den ersten drei Monaten sehr niedrig und steigen dann ab April deutlich an.*

Auf den Punkt gebracht

Um sich einen schnellen Überblick über die Zahlen des Unternehmens zu verschaffen, können grafische Darstellungen hilfreich sein. In der Praxis haben sich vor allem die folgenden Varianten bewährt:

Diagrammart	Kreisdiagramm	Balkendiagramm	Liniendiagramm
BWA	Kurzfristige Erfolgsrechnung	Vorjahresvergleich	Entwicklungsübersicht

Wie kann eine BWA optimiert werden?

Merkmale einer „guten“ BWA

Nachvollziehbarkeit und Wesentlichkeit

Nur ein **individueller Kontenplan**, der an die Informationsbedürfnisse sowie die Besonderheiten des Unternehmens angepasst ist, liefert die gewünschten Informationen.

Damit der individuelle Kontenplan zur Aussagekraft der BWA beiträgt, ist zudem erforderlich, dass sowohl die **Kosten** den **richtigen Konten zugeordnet** werden als auch dass die **Kontenarten** der **richtigen Position** in der BWA zugeordnet werden.

Vollständigkeit und Zeitnähe

Sowohl **Eingangs-** als auch **Ausgangsrechnungen** müssen **zeitnah erfasst** werden, damit die BWA die gewünschte Aussagekraft hat. Zudem sollten Ausgangsrechnungen an Kunden auch zeitnah erfasst werden, um eine Gewinnverzerrung zu vermeiden und damit die Aussagekraft der BWA zu erhöhen. Dies betrifft insbesondere Unternehmen, die ihren Gewinn mit Hilfe der Einnahmen-Überschuss-Rechnung ermitteln.

Abschreibungen und **Rechnungsabgrenzungen** sollten nicht erst am Ende des Geschäftsjahres erfolgen, sondern jeweils **monatlich anteilig verbucht** werden. Dies betrifft auch Zahlungen des Unternehmens, die lediglich jährlich erfolgen. Diese sollten monatsanteilig gebucht werden.

Aussagekraft und Entscheidungsorientierung

Abweichungsanalysen ermöglichen dem Unternehmen einen **Soll-Ist-Vergleich** und können so als Grundlage für Entscheidungen herangezogen werden. Dabei sollten **entscheidungsorientierte Kennzahlen** für das Unternehmen betrachtet werden. Relevante Kennzahlen für das Unternehmen hängen von dem Betriebszweck sowie der Branche ab, in der das Unternehmen tätig ist.

> **!** Bei der Umsetzung der Merkmale einer „guten" BWA ist der Steuerberater für Unternehmen ein wichtiger Ansprechpartner, da er seinem Mandanten die BWA erstellt.

Verbesserung der Aussagekraft der BWA

Die BWA ist nur dann aussagekräftig, wenn sie individuell an das Unternehmen angepasst ist. In der Standard-BWA werden lediglich die Zahlen der Buchhaltung ausgewiesen, ohne die Besonderheiten des Unternehmens zu berücksichtigen.

Obwohl eine monatsgenaue Abgrenzung einzelner Sachverhalte aus Sicht des Lesers der BWA wünschenswert ist, lässt sich dies in der Praxis nicht immer umsetzen bzw. ist mit einem zu hohen zeitlichen Aufwand für das Unternehmen verbunden. Sofern die BWA jedoch als Steuerungsinstrument eingesetzt werden soll, ist eine unterjährige Betrachtung der Zahlen des Unternehmens unbedingt erforderlich. Daher kann möglicherweise eine quartalsweise Betrachtung Abhilfe schaffen.

Um die BWA für Steuerungszwecke des Unternehmens einsetzen zu können, ist eine sog. qualifizierte BWA erforderlich. Diese ist nicht nur an das Unternehmen angepasst, sondern nimmt vor allem auch korrekte Abgrenzungen wichtiger zentraler Positionen vor. Im Folgenden werden mögliche zentrale Positionen detailliert dargestellt (vgl. Checkliste für eine aussagefähige BWA, S. 157).

Berücksichtigung von angefangenen Aufträgen bei der Erfassung der Umsatzerlöse

Bei Unternehmen, die an Aufträgen über mehrere Monate oder teilweise Jahre arbeiten, ist die Berücksichtigung von angefangenen Aufträgen in der BWA von entscheidender Bedeutung. Dies betrifft beispielsweise Bauunternehmen, Architekten aber auch Grafikdesigner, die für Ihre Kunden Webseiten erstellen.

Um eine qualifizierte BWA zu haben, die als Entscheidungsgrundlage genutzt werden kann, ist die Abgrenzung der angefangenen Aufträge bei der Erfassung der Umsatzerlöse in der BWA von entscheidender Bedeutung. Nur dadurch erhält der Unternehmer einen Überblick über seine erbrachten Leistungen während eines bestimmten Zeitraumes.

Erhaltene Kundenanzahlungen werden nicht als Umsatzerlöse gebucht

Sofern das Unternehmen für Dienstleistungen bzw. bestellte Fertigerzeugnisse oder Waren eine Anzahlung leistet, zählt dies noch nicht zu den Umsatzerlösen des Unternehmens. Der Kunde hat den Auftrag bereits erteilt, jedoch noch keine Lieferung bzw. Leistung erhalten. In diesem Fall hat das Unternehmen gegenüber dem Kunden eine Verbindlichkeit, da der Zahlung noch keine erbrachte Leistung gegenübersteht.

Damit Kundenanzahlungen korrekt verbucht werden können, sollte aus der Rechnung eindeutig hervorgehen, dass es sich um eine Anzahlung handelt. Erst nach der Erbringung der Leistung des Unternehmens werden aus den Verbindlichkeiten gegenüber dem Kunden Umsatzerlöse.

> **!** Eine falsche Zuordnung der erzielten Umsatzerlöse führt zu einer Verzerrung der BWA und liefert daher nicht die gewünschten Aussagen, um sie als Steuerungsinstrument einzusetzen.

Monatliche Bewertung der Vorräte während des Geschäftsjahres

Bei vielen Unternehmen wird der Materialeinkauf direkt als Wareneinsatz verbucht. Dies führt dann zu einer Verzerrung der BWA, wenn zwischen dem Einkauf und dem Wareneinsatz ein längerer Zeitraum liegt. In Monaten, in denen viel Material eingekauft wird, weist die BWA ein schlechteres Ergebnis aus, als es tatsächlich ist. Umgekehrt weisen Monate, in denen wenig Material gekauft wird, auch nicht das korrekte Ergebnis aus: Der Wareneinsatz ist höher als in der BWA ausgewiesen.

> **!** Um das Ziel einer qualifizierten BWA zu erreichen, sollte nicht der Materialeinkauf, sondern der Verbrauch der Waren gebucht werden.

Korrekte Differenzierung in Zins und Tilgung bei den Darlehensraten

Die korrekte Aufteilung der Annuität in Zins und Tilgung ist wichtig, da lediglich die Zinsen gewinnmindernd erfasst werden. Sofern die gesamte Annuität als Zinsaufwendungen erfasst werden, erfolgt ein zu niedriger Gewinnausweis in der BWA.

Die Tilgung ist aus der kurzfristigen Erfolgsrechnung nicht erkennbar, da sie lediglich die Liquidität und nicht den Gewinn beeinflusst.

Monatliche Erfassung der Abschreibungen

Die Abschreibungen sollten nicht erst am Ende des Geschäftsjahres, sondern bereits anteilig jeden Monat gebucht werden. Dadurch werden die Abschreibungsbeträge auf alle Monate des Geschäftsjahres gleich verteilt. Andernfalls wird das vorläufige Ergebnis in elf Monaten des Geschäftsjahres zu hoch und das vorläufige Ergebnis im letzten Monat des Geschäftsjahres zu niedrig ausgewiesen.

Erfassung der Veränderungen des Anlagevermögens während des Geschäftsjahres

Bei Veräußerung von Sachanlagevermögen während des Geschäftsjahres sollte der Abgang der einzelnen Vermögensgegenstände (z. B. Maschinen) zeitgleich mit der Erfassung des buchhalterischen Gewinns bzw. Verlustes erfolgen. Da es sich in diesem Fall nicht um den Betriebszweck des Unternehmens handelt, wird eine erzielter Gewinn nicht unter den Umsatzerlösen ausgewiesen. Das Unternehmen veräußert vielmehr Sachanlagevermögen, das für die Produktion genutzt wurde und nun nicht mehr benötigt wird.

Erfassung von jährlichen Zahlungen in monatlichen Teilbeträgen

Zahlungen, die das Unternehmen nur einmal jährlich leisten muss, sollten ebenso auf die einzelnen Monate des Geschäftsjahres gleichmäßig verteilt werden.

Beispiele jährliche Zahlungen

- *Weihnachts- und Urlaubsgeld*
- *Prämienzahlungen an Mitarbeiter*
- *Lizenzgebühren für Software*
- *Kosten für die Erstellung des Jahresabschlusses*
- *Versicherungsbeiträge*
- *Kfz-Steuern*

Monatliche Erfassung von kalkulatorischen Kosten

Sofern in der Kostenrechnung des Unternehmens kalkulatorische Kosten angesetzt werden, sollten diese nicht erst am Ende des Geschäftsjahres, sondern jeden Monat mit jeweils dem gleichen Betrag gebucht werden. Dies betrifft nicht nur kalkulatorische Abschreibungen, sondern auch die kalkulatorische Miete und den kalkulatorischen Unternehmerlohn.

Monatliche Abgrenzung von Steuervorauszahlungen

Steuervorauszahlungen für Körperschaftssteuer, Einkommenssteuer und Gewerbesteuer werden jeweils quartalsweise vom Unternehmen gezahlt. Um eine Verzerrung der monatlichen BWA zu vermeiden, sollten die Vorauszahlungen entsprechend auf die einzelnen Monate aufgeteilt werden. Andernfalls führt auch dies zu einer Verzerrung der BWA in den Monaten, in denen keine Steuervorauszahlungen geleistet werden müssen.

Monatliche Erfassung des Privatanteils

Sofern für die Nutzung des Diensthandys sowie des Fuhrparks ein Privatanteil berücksichtigt werden muss, sollte dieser nicht einmal jährlich, sondern monatlich gebucht werden.

Monatliche Erfassung der zeitlichen Abgrenzung

Zu den zeitlichen Abgrenzungen zählen nicht nur der aktive und passive Rechnungsabgrenzungsposten, sondern auch Rückstellungen. Die Zielsetzung dieser Abgrenzung ist die sog. periodengerechte Gewinnermittlung und damit die Vergleichbarkeit der Jahresabschlüsse eines Unternehmens.

Um die monatliche BWA zu einer qualifizierten BWA zu machen, müssen diese zeitlichen Abgrenzungen gleichmäßig auf die einzelnen Monate des Geschäftsjahres verteilt werden.

> **!** Die zeitliche Abgrenzung ist nur für Unternehmen relevant, die eine Bilanz erstellen. Für Unternehmen, die ihren Gewinn mit Hilfe der Einnahmen-Überschuss-Rechnung ermitteln, gilt das Zuflussprinzip (vgl. S. 12) und nicht das Periodisierungsprinzip. Daher spielt die zeitliche Abgrenzung für die Einnahmen-Überschuss-Rechnung keine Rolle.

Unterjährige Abwertung zweifelhafter Forderungen

Sofern bereits während des Geschäftsjahres bekannt wird, das ein Kunde seine offene Rechnung beispielsweise aufgrund einer (drohenden) Insolvenz nicht bezahlen kann, sollte bereits unterjährig eine Korrektur der Forderungen erfolgen. Dadurch liefert der Forderungsbestand der Bewegungsbilanz eine höhere Aussagekraft. Zudem werden drohende Zahlungsausfälle in der kurzfristigen Erfolgsrechnung durch eine Gewinnminderung bereits frühzeitig erfasst.

Auf den Punkt gebracht

Damit die BWA sowohl als Steuerungsinstrument als auch als Entscheidungshilfe eingesetzt werden kann, muss sie an das Unternehmen angepasst werden. Dazu bedarf es der Nutzung eines individuellen Kontenplans sowie der zeitnahen und monatsgenauen Erfassung aller Sachverhalte im Unternehmen.

Um aus der Standard-BWA eine qualifizierte BWA zu machen, sollten beispielsweise angefangene Aufträge als Umsatzerlöse erfasst sowie jährliche Sachverhalte monatsanteilig berücksichtigt werden.

BWA im Bankengespräch

Erforderliche Unterlagen

Bei einer Kreditanfrage fordern Banken einige Unterlagen von ihren Kunden an. Während größere Unternehmen diese Unterlagen selbst erstellen, holen sich kleinere Unternehmen oftmals die Unterstützung ihres Steuerberaters. Neben dem letzten Jahresabschluss bzw. der letzten Einnahmen-Überschuss-Rechnung werden die aktuelle BWA (kurzfristige Erfolgsrechnung) sowie die Summen- und Saldenlisten angefordert. Bei der Vorlage der letzten BWA ist es wichtig, dass diese nicht zu alt (maximal drei bis sechs Monate) ist.

Diese Zahlen spiegeln jedoch nur die Vergangenheit des Unternehmens wieder. Daher gewinnt zunehmend auch die Vorlage der Liquiditätslage sowie die Rentabilitätslage in der Zukunft an Bedeutung. Vor allem wenn das Unternehmen den Kredit für die Erweiterung des Unternehmens benötigt, sind beispielsweise Liquiditätsprognosen wichtig.

Vorbereitung des Gesprächs

Viele Kunden bereiten sich nicht auf das Bankengespräch vor. Dies ist jedoch unbedingt erforderlich, um dem Berater einige Fragen beantworten zu können. Ein Bankberater wünscht sich für das anstehende Gespräch mit seinem Kunden untern anderem folgendes: Der Kunde sollte...

- ... sich mit seiner BWA auseinandersetzen.

- ... die aktuelle wirtschaftliche Situation seines Unternehmens kennen (Umsatzerlöse, Ertragslage).
- ... sich mit der Höhe der getätigten Privatentnahmen beschäftigen.
- ...damit beschäftigt haben, wie er mit Branchenveränderungen umgeht.
- ...sich auf das Gespräch mit seinem Bankberater vorbereiten.
- ... sich überlegt haben, warum er die Investition tätigen und den Kredit aufnehmen möchte.
- ...in der Lage sein, seine eigenen Zahlen zu verstehen und erklären können, wie sie zu interpretieren sind (z. B. Verbuchung der Bestandsveränderungen während des Geschäftsjahres, Branchenbesonderheiten).
- ...größere Veränderungen der Kosten dem Berater erklären können.

Gründe für das Scheitern einer Kreditanfrage

Es gibt einige Gründe, warum die Bank einem Unternehmen eine Absage der Kreditanfrage erteilt. Dazu zählen beispielsweise die folgenden:

- Der Unternehmer tätigt zu hohe Privatentnahmen. Diese sind oftmals höher als der erzielte Gewinn des Unternehmens. Fehlende Liquidität soll durch die Aufnahme eines Kredites ausgeglichen werden.
- Das Unternehmen hat sein Girokonto regelmäßig überzogen. Dies deutet auf eine schlechte Liquiditätsplanung hin.

- Das Unternehmen hat keine Strategie für die Zukunft und tätigt möglicherweise unüberlegt Investitionen, ohne eine konkrete Strategie zu verfolgen.
- Der Kredit soll für eine Steuernachzahlung des vorherigen Geschäftsjahres eingesetzt werden. Da der Unternehmer zu hohe Privatentnahmen für seine private Lebensführung getätigt hat, kommt das Unternehmen in einen Liquiditätsengpass. Es ist empfehlenswert, die Steuernachzahlung rechtzeitig zu kalkulieren und den entsprechenden Betrag zur Seite zu legen.
- Der Schufa-Auszug des Unternehmens ist negativ.
- Gläubiger des Unternehmens haben in der Vergangenheit bereits mehrere Maschinen gepfändet, da das Unternehmen die Rechnungen nicht bezahlt hat.
- Die Kapitaldienstfähigkeit des Unternehmens ist nicht gegeben.

! Unternehmen, auf die ein oder mehrere der hier genannten Gründe zutreffen, sollten sich intensiver mit ihrer BWA beschäftigen. Außerdem ist eine Liquiditätsplanung empfehlenswert, da sie einige der bestehenden Probleme vermeiden kann. Die Planung kann zwar einen Liquiditätsengpass nicht immer verhindern. Dennoch ermöglicht die Liquiditätsplanung ein rechtzeitiges Erkennen und Entgegensteuern. So kann der Unternehmer die anstehende Steuernachzahlung berücksichtigen und tätigt nicht zu hohe Privatentnahmen.

Kapitaldienstfähigkeit

Die Kapitaldienstfähigkeit gibt Auskunft darüber, ob ein Unternehmen die Annuität (Zins und Tilgung) eines Darlehens aus den laufenden Erträgen leisten kann. Die Summe aus Zinsen und Tilgung wird als sog. Kapitaldienst bezeichnet.

> **!** Es gilt die Faustformel, dass die relative Kapitaldienstgrenze maximal bis zu 75 % ausgelastet sein sollte, damit die Liquidität nicht zu sehr eingeengt wird.

Die Kapitaldienstgrenze ist bei Vergabe neuer Kredite oder der Verlängerung (sog. Prolongation) bestehender Kredite für Banken eine wichtige Kennzahl. Es ist ratsam, vor dem Bankengespräch die bestehende Auslastung der Kapitaldienstgrenze zu ermitteln.

Berechnung Kapitaldienstgrenze

Die absolute Kapitaldienstgrenze wird wie folgt ermittelt:

		Ist-Zahlen in EUR
	vorläufiges Ergebnis	10.000
+	Abschreibungen	200.000
=	Praktiker-Cashflow	210.000
+	Zinsaufwand	80.000
–	Privatentnahmen	0
+	Privateinlagen	0
=	**Kapitaldienstgrenze**	**290.000**

Das Unternehmen hat derzeit mehrere Kredite. Die Zins- und Tilgungszahlungen des Unternehmens sehen wie folgt aus:

+	Zinsaufwand	80.000
=	Tilgung	100.000
=	**Kapitaldienst**	**180.000**

Die relative Kapitaldienstgrenze berechnet sich wie folgt:

$$\text{Kapitaldienstgrenze (\%)} = \frac{\text{Kapitaldienst absolut}}{\text{Kapitaldienstgrenze absolut}}$$

$$\text{Kapitaldienstgrenze (\%)} = \frac{180.000 \text{ EUR}}{290.000 \text{ EUR}} = 62\,\%$$

Praktiker-Cashflow: *Praktiker-Cashflow bedeutet, dass aus Vereinfachungsgründen nicht alle Aufwendungen berücksichtigt werden, die zu keinem Abfluss an liquiden Mittel führen. Daher dient diese Formel lediglich als Vereinfachung. Sofern das Unternehmen hohe Aufwendungen hat, die zu keiner Verringerung der liquiden Mittel führen, sollten diese ebenso berücksichtigt werden. Dies gilt ebenso für Erträge, die nicht zur Erhöhung der liquiden Mittel geführt haben.*

Zur Bewertung der relativen Kapitaldienstfähigkeit gilt das folgende Bewertungsraster:

Relative Kapitaldienstfähigkeit	Bewertung
< 50 %	Sehr gut
> 50 %, aber < 75 %	vertretbar
> 75 %	kritisch

!

Für die Beurteilung der Bonität eines Unternehmens spielt die Vergangenheit lediglich eine untergeordnete Rolle. Viel wichtiger hingegen ist der Blick in die Zukunft. Nicht nur die Auslastung der Kapitaldienstgrenze spielt bei der Beurteilung der Bonität eine wichtige Rolle. Für das Rating der Banken werden alle Unterlagen analysiert, um sich ein Gesamtbild des Unternehmens zu verschaffen. Zu diesen Unterlagen zählen beispielsweise die kurzfristige Erfolgsrechnung, der Jahresabschluss, diverse Kennzahlen sowie Planzahlen für die Zukunft.

Auf den Punkt gebracht

Bei einer Kreditanfrage müssen Unternehmen der Bank zahlreiche Unterlagen vorlegen. Es ist ratsam, sich vor dem Gespräch mit dem Bankberater einen Überblick über die aktuelle wirtschaftliche Lage des Unternehmens zu verschaffen sowie die Gründe für die Kreditaufnahme zu hinterfragen. Die Berechnung der Kapitaldienstfähigkeit kann dem Unternehmer zeigen, dass die Bank für die Kreditanfrage möglicherweise eine Absage erteilen wird.

Wichtige Kennzahlen

Vorteile von Kennzahlen

Kennzahlen geben in kompakter Form Aufschluss über die wirtschaftliche Entwicklung des Unternehmens. Im Gegensatz zu absoluten Zahlen ermöglichen Kennzahlen einen einfachen und schnellen Vergleich der Veränderungen des Unternehmens im Zeitablauf oder im Vergleich zu Unternehmen der gleichen Branche.

Kennzahlen können als Frühwarnsystem eingesetzt werden, um den Veränderungen des Unternehmens rechtzeitig begegnen und ggf. entgegensteuern zu können. Jedes Unternehmen sollte festlegen, welche Kennzahlen für eine Entscheidungsgrundlage wichtig sind. Um dieses Ziel zu erreichen, sollten nicht zu viele Kennzahlen gewählt werden, da mehr Kennzahlen nur bedingt mehr Informationen bedeuten.

Kurzfristige Erfolgsrechnung					
Bezeichnung	**Februar 2019**	**% Gesamtleistung**	**% Gesamtkosten**	**% Personalkosten**	**Aufschlag**
Umsatzerlöse	412.575,15 €	99,95			
Bestandsveränderung FE/UE	222,25 €	0,05			
Akt. Eigenleistungen	0,00 €				
Gesamtleistung	412.797,40 €	**100**	255,26	367,53	
Mat./Wareneinkauf	177.825,59 €	43,08	109,96	158,33	**100**
Rohertrag	234.971,81 €	56,92	145,3	209,21	132,14
So. betr. Erlöse	294,12 €	0,07	0,18	0,26	
Betriebl. Rohertrag	235.265,93 €	56,99	145,48	209,47	132,3
					Ziffer 3
Kostenarten:			Ziffer 2		
Personalkosten	112.316,53 €	27,21	69,45	100	
Raumkosten	15.414,89 €	3,73	9,53	13,72	
Betriebl. Steuern	568,00 €	0,14	0,35	0,51	
Versich./Beiträge	2.371,52 €	0,57	1,47	2,11	
Besondere Kosten	0,00 €				
Kfz-Kosten (o. St.)	7.168,00 €	1,74	4,43	6,38	
Werbe-/Reisekosten	4.497,19 €	1,09	2,78	4,00	
Kosten Warenabgabe	1.422,70 €	0,34	0,88	1,27	
Abschreibungen	6.124,62 €	1,48	3,79	5,45	
Reparatur/Instandh.	0,00 €				
Sonstige Kosten	11.835,35 €	2,87	7,32	10,54	
Gesamtkosten	161.718,80 €	39,18	**100**	143,98	

Kurzfristige Erfolgsrechnung					
Bezeichnung	**Februar 2019**	**% Gesamtleistung**	**% Gesamtkosten**	**% Personalkosten**	**Aufschlag**
Betriebsergebnis	73.547,13 €	17,82			
Zinsaufwand	7.962,48 €	1,93			
sonst. neutr. Aufw.	0,00 €				
Neutraler Aufwand	7.962,48 €	1,93			
Zinserträge	61,51 €	0,01			
Sonst. neutr. Ertr.	0,00 €				
Verr. kalk. Kosten	0,00 €				
Neutraler Ertrag	61,51 €	0,01			
Ergebnis vor Steuern	65.646,16 €	15,9			
Steuern Eink. u. Ertr.	13.550,00 €	3,28			
Vorläufiges Ergebnis	52.096,16 €	12,62			
		Ziffer 1			

Umsatzrentabilität

Die Umsatzrentabilität wird wie folgt berechnet:

$$\text{Umsatzrentabilität} = \frac{\text{vorläufiges Ergebnis}}{\text{Umsatzerlöse}} \times 100$$

Die Umsatzrentabilität gibt an, wie hoch das vorläufige Ergebnis am Umsatz ist. Eine Umsatzrentabilität von 10 % bedeutet, dass für jeden umgesetzten Euro ein Gewinn in Höhe von 0,10 EUR erzielt wurde. Die Umsatzrentabilität ist stark branchenabhängig.

> **!** Eine steigende Umsatzrentabilität deutet auf gesunkene Kosten hin, eine sinkende Umsatzrentabilität auf gestiegene Kosten.

Die Umsatzrentabilität kann aus der BWA abgelesen werden. In der vorliegenden Tabelle liegt die Umsatzrentabilität bei 12,62 % (vgl. Ziffer 1).

Personalaufwandsquote

Die Personalaufwandsquote ermittelt sich folgendermaßen:

$$\text{Personalaufwandsquote} = \frac{\text{Personalkosten}}{\text{Gesamtkosten}} \times 100$$

Die Personalaufwandsquote gibt an, wie hoch der Anteil der Personalkosten an den Gesamtkosten ist. Diese Kennzahl ist insbesondere für personalintensive Branchen wichtig. In der vorliegenden BWA liegt die Personalaufwandsquote bei 69,45 % (vgl. Ziffer 2).

Kalkulationsaufschlag

Der Kalkulationsaufschlag (Rohgewinnaufschlagssatz) ermittelt sich folgendermaßen:

$$\text{Rohgewinnaufschlagssatz} = \frac{\text{betrieblicher Rohertrag}}{\text{Material-/Wareneinsatz}} \times 100$$

Der Kalkulationsaufschlag (vgl. Ziffer 3) gibt an, wie hoch der Rohertrag ausfällt, wenn für 100 EUR Material eingekauft wird. In dem vorliegenden Beispiel erhält das Unternehmen für 100 EUR eingekauftes Material 1,32 EUR Rohertrag zurück. Davon müssen zum einen die übrigen Kosten als auch der Gewinn gedeckt werden. Diese Kennzahl ist für Handelsunternehmen wichtig.

Auf den Punkt gebracht

Kennzahlen stellen die Ergebnisse des Unternehmens in kompakter Form dar und können für die Interpretation der Entwicklung des Unternehmens herangezogen werden. Jedes Unternehmen sollte die wichtigsten Kennzahlen festlegen, die für die Interpretation herangezogen werden.

Abschreibungen und Zuschreibungen

Planmäßige Abschreibung

Gesetzliche Regelungen

Vermögensgegenstände des Anlagevermögens, die abnutzbar sind, müssen planmäßig abgeschrieben werden. Umlaufvermögen wird nicht planmäßig abgeschrieben, da es nicht länger als ein Jahr im Unternehmen bleibt. Die planmäßige Abschreibung ist die Erfassung der Wertminderung eines Vermögensgegenstandes, die jährlich durchzuführen ist.

Nutzungsdauer und Abnutzbarkeit

Abnutzbar sind Vermögensgegenstände dann, wenn sie im Laufe der Zeit aufgrund von Abnutzung sowie technischem Fortschritt an Wert verlieren. Die Nutzungsdauer eines abnutzbaren Vermögensgegenstandes ist daher zeitlich beschränkt.

Nutzungsdauer: Die Nutzungsdauer ist der Zeitraum, über den ein Vermögensgegenstand planmäßig abgeschrieben wird. In den sog. AfA-Tabellen des Bundesministeriums der Finanzen wird die Nutzungsdauer für jegliche Vermögensgegenstände festgelegt. Sie sind rechtlich nicht bindend, beruhen aber auf Erfahrungen der Vergangenheit.

Auch wenn die planmäßige Abschreibung in einer individuellen BWA monatlich erfolgt, wird sie für die Erstellung des Jahresabschlusses als Grundlage für die Bemessung der Steuerlast nur einmal jährlich durchgeführt. Die Abschreibung erfolgt dann jeweils zum Bilanzstichtag, dem letzten Tag des Geschäftsjahres eines Unternehmens.

(Nicht) abnutzbares Anlagevermögen: Folgende Vermögensgegenstände sind nicht abnutzbar und werden daher nicht planmäßig abgeschrieben:

- *Wertpapiere im Anlagevermögen*
- *Domains (Beispiel: www.carolarinker.de)*
- *Grundstücke*

! Bei bebauten Grundstücken muss zwischen dem Buchwert des Grundstücks und dem Buchwert des Gebäudes differenziert werden. Da das Grundstück nicht abnutzbar ist, wird es im Gegensatz zum Gebäude nicht planmäßig abgeschrieben.

Abschreibungsmethode

Als Abschreibungsmethode ist derzeit nur die sog. lineare Abschreibung zulässig. Hier wird jährlich der gleiche Betrag abgeschrieben. Dieser ermittelt sich wie folgt:

$$\text{Abschreibungsbetrag} = \frac{\text{Anschaffungskosten netto}}{\text{Nutzungsdauer}}$$

Besonderheiten bei unterjähriger Anschaffung

Im Jahr der Anschaffung eines Vermögensgegenstandes muss die Besonderheit der sog. monatsgenauen Abschreibung (pro rata temporis) berücksichtigt werden. Die Abschreibung beginnt erst in dem Monat, in dem der Vermögensgegenstand im Unternehmen ist. Ab dem zweiten Jahr erfolgt die Abschreibung über das gesamte Geschäftsjahr.

Ermittlung des Abschreibungsbetrags bei unterjähriger Anschaffung: *Die Herbstlich GmbH kauft am 15.7.2018 eine Maschine für 100.000 EUR netto. Die Nutzungsdauer der Maschine beträgt laut AfA-Tabelle 10 Jahre.*

Der Abschreibungsbetrag für 2018 wird wie folgt berechnet:

$$\text{Abschreibungsbetrag} = \frac{100.000\ \text{EUR}}{10\ \text{Jahre}} \times \frac{6}{12} = 5.000\ \text{EUR}$$

Im Jahr 2018 müssen sechs Monate abgeschrieben werden, da der Monat der Anschaffung mitgezählt wird. Ab dem zweiten Jahr werden pro Jahr 10.000 EUR abgeschrieben. Im letzten Jahr der Nutzung werden die noch verbleibenden sechs Monate abgeschrieben.

Erinnerungswert: *Der Erinnerungswert entsteht dann, wenn ein Vermögensgegenstand bereits vollständig abgeschrieben wurde, im Unternehmen jedoch noch genutzt wird. So werden alle bereits abgeschriebenen Vermögensgegenstände mit 1 EUR in der Bilanz ausgewiesen.*

Außerplanmäßige Abschreibung

Sofern es Gründe für eine zusätzliche Wertminderung einzelner Vermögensgegenstände gibt, muss möglicherweise eine außerplanmäßige Abschreibung vorgenommen werden. Nicht nur abnutzbares Anlagevermögen, sondern auch nicht abnutzbares Anlagevermögen sowie Umlaufvermögen können bzw. müssen außerplanmäßig abgeschrieben werden. Das folgende Beispiel veranschaulicht die Regelungen für das Anlagevermögen.

> *Außerplanmäßige Abschreibung eines Grundstücks: Die Winter GmbH kauft am 17.12.2014 ein Grundstück für 100.000 EUR. Im Sommer 2016 stellt ein Gutachter fest, dass das Grundstück kontaminiert ist und der aktuelle Wert des Grundstücks 40.000 EUR beträgt.*
>
> *Aufgrund des Sachverhalts ist davon auszugehen, dass die Wertminderung des Grundstücks durch die Kontaminierung länger als ein Jahr andauern wird. Dies ist Voraussetzung für die Abschreibungspflicht. Da Grundstücke nicht abnutzbar sind, dürfen sie nicht planmäßig abgeschrieben werden.*
>
> *In diesem Fall muss im Jahresabschluss 2016 eine außerplanmäßige Abschreibung des Grundstücks in Höhe von 60.000 EUR vorgenommen werden. Der neue Restbuchwert des Grundstücks beträgt zum 31.12.2016 nunmehr 40.000 EUR.*

Zuschreibungen

Sofern der Grund für eine außerplanmäßige Abschreibung entfallen ist, muss diese in der Regel durch eine Zuschreibung wieder rückgängig gemacht werden. Eine Zuschreibung ist ein Ertrag, der somit zu einer Erhöhung des Gewinns führt. Die Zuschreibung darf jedoch nur bis zum dem Betrag erfolgen, der sich ohne die außerplanmäßige Abschreibung ergeben hätte. Es darf somit kein höherer Wert als die ursprünglichen Anschaffungskosten angesetzt werden.

> ***Fortsetzung des kontaminierten Grundstücks:*** *Im Herbst 2018 wird das Grundstück von einem Spezialisten dekontaminiert, sodass der Grund für die außerplanmäßige Abschreibung im Jahr 2016 wieder entfallen ist.*
>
> *Aufgrund gestiegener Grundstückspreise in den letzten Jahren hat sich der Wert des Grundstücks mittlerweile auf 130.000 EUR erhöht.*
>
> *In diesem Fall muss eine Zuschreibung des Grundstücks vorgenommen werden, da es dekontaminiert wurde. Im Jahresabschluss 2018 muss daher eine Zuschreibung in Höhe von 60.000 EUR erfolgen. Der Buchwert zum 31.12.2018 beträgt nunmehr wieder 100.000 EUR.*
>
> *Das deutsche Handelsgesetzbuch verbietet den Ansatz des aktuellen Wertes. Somit entstehen in Höhe der Differenz des aktuellen Wertes und des Buchwertes sog. stille Reserven in Höhe von 30.000 EUR.*

***Stille Reserven**: Stille Reserven entstehen durch die Unterbewertung von Vermögen oder die Überbewertung von Schul-*

den. Sie entstehen immer dann, wenn der tatsächliche Wert höher ist als der Buchwert. Stille Reserven werden erst dann aufgedeckt, wenn das Unternehmen die entsprechenden Vermögensgegenstände veräußert.

Besonderheiten geringwertige Wirtschaftsgüter (GWG)

Definition

Geringwertige Wirtschaftsgüter sind Gegenstände des Anlagevermögens eines Unternehmens, die die folgenden Voraussetzungen alle erfüllen:

- Beweglichkeit
- selbständige Nutzbarkeit des Vermögensgegenstandes
- Abnutzbarkeit

Der Gegenstand ist dann abnutzbar, wenn er durch den Gebrauch sowie technischen Fortschritt an Wert verliert. Sofern diese drei Voraussetzungen erfüllt sind, dürfen zudem die Anschaffungskosten des Vermögensgegenstandes nicht mehr als 1.000 EUR netto betragen. Sofern die Anschaffungskosten für einen Vermögensgegenstandes höher sind, handelt es sich nicht um ein geringwertiges Wirtschaftsgut (GWG).

> *GWG-Grenze für jeden Vermögensgegenstand: Die Betrachtung der 1.000 EUR-Grenze erfolgt jeweils für einen Gegenstand. Wenn ein Unternehmen 30 Telefone für insgesamt 2.400 EUR netto kauft, werden die Anschaffungskosten von 80 EUR je Telefon zugrunde gelegt.*

! In vielen Fällen sind angeschaffte Gegenstände nicht selbständig nutzbar. Auch wenn ansonsten alle Voraussetzungen erfüllt sind, handelt es sich in diesem Fall nicht um ein geringwertiges Wirtschaftsgut. Dann erfolgt die Abschreibung über die individuelle Nutzungsdauer des Vermögensgegenstandes.

Abgrenzung GWGs: *Geringwertige Wirtschaftsgüter sind:*

- *Telefon*
- *Werkzeuge*
- *Kleinmöbel*

Keine geringwertigen Wirtschaftsgüter sind:

- *Scanner und Drucker, wenn die Nutzung nur in Verbindung mit einem Computer möglich ist*
- *Bildschirm-Monitor*

Abschreibungsregeln

Die Abschreibungsregeln für geringwertige Wirtschaftsgüter hängen von den Netto-Anschaffungskosten ab. Die folgende Tabelle zeigt die Wahlmöglichkeiten, die seit dem 1.1.2018 gelten:

Anschaffungskosten (netto)	Wahlmöglichkeiten
bis 250 EUR	Sofortabschreibung
250,01 bis 800 EUR	• Sofortabschreibung • Poolabschreibung (Sammelposten) • Abschreibung über individuelle Nutzungsdauer
800,01 bis 1.000 EUR	• Poolabschreibung (Sammelposten) • Abschreibung über individuelle Nutzungsdauer

Bei der Sofortabschreibung wird das GWG im Jahr der Anschaffung sofort in voller Höhe als Aufwand erfasst und mindert damit den Gewinn.

Bei der Poolabschreibung werden alle in einem Geschäftsjahr angeschafften GWGs in einen sog. Sammelposten eingestellt und über fünf Jahre jeweils mit 20 % abgeschrieben. Sofern während der fünf Jahre einzelne GWGs veräußert werden oder kaputt gehen, hat dies keine Auswirkungen auf die Berechnung der Abschreibungshöhe.

Wenn die GWGs über die individuelle Nutzungsdauer abgeschrieben werden, gelten die gleichen Regelungen wie für die anderen Vermögensgegenstände des Anlagevermögens. Die Nutzungsdauer ist der AfA-Tabelle zu entnehmen. Es muss auch die monatsgenaue Abschreibung (pro rata temporis) im Jahr der Anschaffung berücksichtigt werden.

Auf den Punkt gebracht

Abnutzbare Vermögensgegenstände des Anlagevermögens werden planmäßig über die Nutzungsdauer abgeschrieben. Sofern es zusätzliche Wertminderungen des Vermögens im Unternehmen gibt, müssen möglicherweise außerplanmäßige Abschreibungen durchgeführt werden. Bei Wegfall des Grundes für die außerplanmäßige Abschreibung besteht in der Regel die Pflicht zur Zuschreibung des entsprechenden Vermögensgegenstandes. Für geringwertige Wirtschaftsgüter gibt es besondere Abschreibungsregeln, die von der Höhe der Netto-Anschaffungskosten abhängen.

Anhang

Checkliste für eine aussagekräftige BWA

Nr.	Sachverhalte	Erle-digt	Nicht er-forderlich	Noch klären
1	Berücksichtigung von angefangenen Aufträgen bei der Erfassung der Umsatzerlöse (vgl. S. 130)			
2	Erhaltene Kundenanzahlungen werden nicht als Umsatzerlöse gebucht (vgl. S. 131)			
3	Monatliche Bewertung der Vorräte (Bestandsveränderung, Wareneinsatz) während des Geschäftsjahres (vgl. S. 131)			
4	Korrekte Differenzierung in Zins und Tilgung bei den Darlehensraten (sog. Annuität) (vgl. S. 132)			
5	Monatliche Erfassung der Abschreibung (vgl. S. 132)			
6	Erfassung von Veränderungen des Anlagevermögens während des Geschäftsjahres (Abgang von Sachanlagen) (vgl. S. 133)			

Nr.	Sachverhalte	Erledigt	Nicht erforderlich	Noch klären
7	Erfassung von jährlichen Zahlungen in monatlichen Teilbeträgen (z. B. Versicherungen, Weihnachts- und Urlaubsgeld, Lizenzgebühren für Software, Jahresabschlusskosten) (vgl. S. 133)			
8	Monatliche Erfassung von kalkulatorischen Kosten (kalkulatorische Abschreibung, kalkulatorische Miete, kalkulatorischer Unternehmerlohn) (vgl. S. 134)			
9	Monatliche Abgrenzung von Steuervorauszahlungen (z. B. Körperschaftssteuer, Einkommensteuer, Gewerbesteuer) (vgl. S. 134)			
10	Monatliche Erfassung des Privatanteils (Diensthandy, Fuhrpark) (vgl. S. 134)			
11	Monatliche Erfassung der zeitlichen Abgrenzung (vgl. S. 135): • aktiver Rechnungsabgrenzungsposten • passiver Rechnungsabgrenzungsposten • Rückstellungen			
12	Unterjährige Abwertung zweifelhafter Forderungen (vgl. S. 135)			

Die Autorin

Prof. Dr. Carola Rinker leitet Seminare im Rechnungswesen, u. a. zu den Themen BWA lesen, Bilanzen lesen, Bilanzfälschung, Bilanzkosmetik sowie Bilanzanalyse. Die promovierte Volkswirtin berät zudem Unternehmen bei der Optimierung des Rechnungswesens. Seit 2018 ist sie Professorin an der Hochschule Macromedia in Freiburg.

Die Bilanzierungsexpertin hat bereits mehrere Fachbücher in renommierten Verlagen veröffentlicht und schreibt regelmäßig Beiträge in Fachzeitschriften. In ihrem FINANCE-Blog „Abgeschminkt" deckt Carola Rinker auf, wie Unternehmen ihre Zahlen (legal) mit Hilfe von Bilanzkosmetik beeinflussen, um diese aufzuhübschen, und wann sie die Grenzen überschreiten.

Weitere Informationen zur Autorin unter www.carolarinker.de.

Impressum:
Verlag C. H. Beck im Internet: www.beck.de
ISBN Print: 978-3-406-72945-4
ISBN E-Book: 978-3-406-72946-1

Wilhelmstraße 9, 80801 München
Satz: Fotosatz Buck, 84036 Kumhausen
Druck und Bindung: Beltz Bad Langensalza GmbH
Am Fliegerhorst 8, 99947 Bad Langensalza
Umschlaggestaltung: Ralph Zimmermann – Bureau Parapluie
Umschlagbild: © monkeybusinessimages – istockphoto.com
Gedruckt auf säurefreiem, alterungsbeständigem Papier
(hergestellt aus chlorfrei gebleichtem Zellstoff)

BWA: Jahresübersicht			
Bezeichnung	Wo?	Januar	Februar
Umsatzerlöse	S. 37	95.360 €	104.200 €
Best.Verdg. FE/UE	S. 41	0 €	0 €
Akt. Eigenleistungen	S. 44	0 €	0 €
Gesamtleistung	S. 45	95.360 €	104.200 €
Mat./Wareneinkauf	S. 46	6.300 €	9.600 €
Rohertrag	S. 50	89.060 €	94.600 €
So. betr. Erlöse	S. 50		
Betriebl. Rohertrag	S. 59	89.060 €	94.600 €
Kostenarten:			
Personalkosten	S. 59	55.456 €	57.654 €
Raumkosten	S. 61	6.324 €	5.834 €
Betriebl. Steuern	S. 62	0 €	0 €
Versich./Beiträge	S. 62	4.343 €	3.323 €
Besondere Kosten	S. 63	1.376 €	1.817 €
Kfz-Kosten (o. St.)	S. 64	5.437 €	5.255 €
Werbe-/Reisekosten	S. 64	957 €	288 €
Kosten Warenabgabe	S. 65	730 €	1.225 €
Abschreibungen	S. 66	2.500 €	2.500 €
Reparatur/Instandh.	S. 67	2.846 €	3.113 €
Sonstige Kosten	S. 67	9.485 €	12.323 €
Gesamtkosten	S. 69	89.454 €	93.332 €
Betriebsergebnis	S. 69	-394 €	1.268 €
Zinsaufwand	S. 70	250 €	356 €
sonst. neutr. Aufw.	S. 71	0 €	0 €
Neutraler Aufwand	S. 72	250 €	356 €
Zinserträge	S. 73	125 €	236 €
Sonst. neutr. Ertr.	S. 73		
Verr. kalk. Kosten	S. 75	1.283 €	
Neutraler Ertrag	S. 76	1.408 €	236 €
Ergebnis vor Steuern	S. 76	764 €	1.148 €
Steuern Eink. u. Ertr.	S. 76	0 €	0 €
Vorläufiges Ergebnis	S. 77	764 €	1.148 €